Hülshoff

Kosten- und Leistungsrechnung industrieller Betriebe

Dr. Friedhelm Hülshoff

Kosten- und Leistungsrechnung industrieller Betriebe

Springer Fachmedien Wiesbaden GmbH

ISBN 978-3-409-21064-5   ISBN 978-3-663-13234-9 (eBook)
DOI 10.1007/978-3-663-13234-9

Vorwort

Das vorliegende Buch ist gedacht als Einführung in die Aufgaben, Ziele und Methoden der Kosten- und Leistungsrechnung industrieller Betriebe.

Es werden die Stellung der Kosten- und Leistungsrechnung innerhalb des betrieblichen Rechnungswesens aufgezeigt, die Kostenrechnungssysteme und ihre unterschiedlichen Zielsetzungen und Methoden erläutert, die Istkostenrechnung und ihr Abrechnungsweg in der Betriebsabrechnung ausführlich dargestellt und die Systemelemente der Plankosten- und Deckungsbeitragsrechnung behandelt.

Die Darstellung gibt die herrschende Lehrmeinung der betriebswirtschaftlichen Literatur der Kostenrechnung wieder und erläutert die Funktionsweise der verschiedenen Kostenrechnungssysteme an Hand zahlreicher Beispiele — ergänzt durch Tabellen und Abbildungen —. Sie eignet sich somit insbesondere für Studierende der betriebswirtschaftlichen und technischen Fachrichtungen, die einen Überblick über Kostenrechnungsverfahren und Anwendungsmöglichkeiten gewinnen wollen.

Diese Veröffentlichung vermittelt aber auch dem vorwiegend mit technischen Aufgaben betrauten Mitarbeiter der Betriebspraxis, der in seiner Arbeit zunehmend mit betriebswirtschaftlichen Problemen der Kostenrechnung konfrontiert wird, wichtige Grundlagen und Grundbegriffe der Kosten- und Leistungsrechnung. Der Zusammenhang von Kosten und Leistung, deren Überwachung und Beeinflussung soll verdeutlicht werden und somit ein sachlich fundiertes Zusammenwirken von Ingenieur und Kaufmann in betriebswirtschaftlich-technischen Aufgabenstellungen erleichtert werden.

Friedhelm Hülshoff

Inhaltsverzeichnis

1. Gliederung und Aufgaben der Kostenrechnung und des Rechnungswesens

1.1. Aufgaben und Gliederung des Rechnungswesens

Die zunehmende Größe der Betriebe in unserem Jahrhundert machte es notwendig, der Unternehmensführung ein Instrument an die Hand zu geben, mit dem der Leistungserstellungs- und -verwertungsprozeß der Betriebe zahlenmäßig erfaßt und kontrolliert werden kann.

„Die Gesamtheit aller Verfahren zur zahlenmäßigen Erfassung und Zurechnung der betrieblichen Vorgänge" wird als betriebliches Rechnungswesen bezeichnet"[1].

Alle Geschäftsvorfälle, die in einer Abrechnungsperiode zwischen Betrieb, Beschaffungsmärkten und Absatzmärkten und innerhalb des Betriebes erfolgen, werden belegmäßig erfaßt, verursachungsgemäß weiterverrechnet und die Ergebnisse so aufgearbeitet, daß sie der Unternehmensleitung Informationen zur Planung und Kontrolle an die Hand geben. In zunehmendem Maße werden hierbei Datenverarbeitungssysteme eingesetzt, die eine schnelle Verarbeitung des umfangreichen Zahlenmaterials ermöglichen und kurzfristig Planungs- und Entscheidungsunterlagen liefern.

Die wichtigsten **Aufgaben**, die das Rechnungswesen zu erfüllen hat, sind:

a) Auskunft zu geben über Vermögen und Ertragslage des Betriebes (Rechenschaftslegung),

b) Kontrolle von Wirtschaftlichkeit und Rentabilität des Betriebes zu gewährleisten,

c) Unterlagen zu liefern für die Planungs- und Dispositionsaufgaben des Betriebes.

Nach der Unterschiedlichkeit der zu erfüllenden Aufgaben wird das Rechnungswesen in vier Teilgebiete untergliedert:

- Geschäftsbuchhaltung (Finanzbuchhaltung)
- Betriebsabrechnung (Kostenrechnung)
- Betriebswirtschaftliche Statistik und
- Vorschau und Planungsrechnung

Aufbau, Gliederung und Organisation des Rechnungswesens hängen vom Fertigungsverfahren, Betriebsgröße, Rechtsform, Wirtschaftsform und Wirtschaftszweig ab[2].

---

[1] Mellerowicz, K., Allgemeine Betriebswirtschaftslehre, 12. Aufl., Bd. 4, Berlin 1968, S. 21 f.

[2] Vgl. Wöhe, G., Einführung in die allgemeine Betriebswirtschaftslehre, 10. Aufl., Berlin - Frankfurt 1968, S. 491.

1.1.1. Aufgaben der Geschäftsbuchhaltung

Die Geschäftsbuchhaltung — auch Finanzbuchhaltung genannt — erfaßt alle Geschäftsvorfälle, die zwischen Unternehmung und Außensphäre anfallen und ordnet sie chronologisch (Grundbuch) und systematisch (Hauptbuch). Primäres Ziel der Geschäftsbuchhaltung ist die Aufstellung des Jahresabschlusses, der **Bilanz** und der **Gewinn- und Verlustrechnung.**

Die Bilanz ist Gegenüberstellung der **Aktiva** (Vermögenswerte) und **Passiva** (Kapitalrechte) zu einem bestimmten **Zeitpunkt** unter Berücksichtigung der zwischen zwei Bilanzstichtagen aufgetretenen Bestandsmehrungen und -minderungen.

Die **Aktiva**
> = Vermögenswerte, untergliedert in Anlage- und Umlaufvermögen, zeigen an, in welchen Gütern das Kapital gebunden ist (Mittelverwendung).

Die **Passiva**
> = Kapitalrechte, untergliedert in Eigen- und Fremdkapital, zeigen an, aus welchen Quellen das Kapital stammt (Mittelherkunft).

Der Saldo zwischen Aktiva und Passiva stellt den Erfolg der Periode als Gewinn (positiver Erfolg) bzw. Verlust (negativer Erfolg) dar.

Die **Bilanz** dient also der Ermittlung des

- **Gesamterfolges der Unternehmung** und dem

- **Nachweis des Vermögens und Kapitals zu einem Stichtag.**

Bilanz[3])

(Mittelverwendung) (Vermögenswerte) Aktiva		(Mittelherkunft) (Kapitalrechte) Passiva	
Anlagevermögen		**Eigenkapital**	380 000,—
Grundstücke	200 000,—		
Gebäude	250 000,—	**Fremdkapital**	
Maschinen	160 000,—	Langfristige Verbindlichkeiten	
Beteiligungen	50 000,—	gegenüber Kreditinstituten	200 000,—
Umlaufvermögen		Lieferantenverbindlichkeiten	10 000,—
		Wechselverbindlichkeiten	20 000,—
Roh-, Hilfs- und Betriebsstoffe	10 000,—	Kurzfristige Bankdarlehen	60 000,—
Fertigungserzeugnisse	4 000,—	Sonstige Verbindlichkeiten	6 000,—
Forderungen	16 000,—	Bilanzgewinn	20 000,—
Bankguthaben	4 000,—		
Kassenbestand	2 000,—		
	696 000,—		696 000,—

Tabelle 1

---

[3]) Stark vereinfacht.

In der **Gewinn- und Verlustrechnung** einer Unternehmung werden die Gesamtaufwendungen und -erträge einer **Periode** gegenübergestellt. Der Saldo stellt ebenfalls den Periodenerfolg der Unternehmung dar, wenn er auch auf Grund anderer Buchungen ermittelt wurde.

Aufwendungen
> = Aufwendungen für Roh-, Hilfs- und Betriebsstoffe, Löhne, Gehälter, Abschreibungen, Zinsen usw.

Erträge
> = Umsatzerlöse, Erträge aus Beteiligungen, Zinserträge usw.

Gewinn- und Verlustrechnung[4]

Aufwendungen		Erträge	
Aufwendungen für Roh-, Hilfs- und Betriebsstoffe	110 000,—	Umsatzerlöse	170 000,—
Löhne und Gehälter		Beteiligungserträge	35 000,—
Sozialabgaben	60 000,—	Zinserträge	17 000,—
Abschreibungen	20 000,—	Erträge aus Verkauf von Anlagegegenständen	8 000,—
Zinsen	10 000,—		
Steuern	10 000,—		
Bilanzgewinn	20 000,—		
	230 000,—		230 000,—

Tabelle 2

Neben den Hauptaufgaben der Geschäftsbuchhaltung bestehen weitere Aufgaben darin, **Bemessungsunterlagen für die Besteuerung** der Unternehmung bereitzustellen und „bei besonderen Anlässen (Gründung, Sanierung, Fusion, Umwandlung, Liquidation, Konkurs u. a.)"[5] **Sonderbilanzen** zu erstellen. Eine weitere Aufgabe der Finanzbuchhaltung besteht darin, Liquiditäts- und Finanzkontrollen durchzuführen.

1.1.2. Aufgaben der Kostenrechnung (Betriebsabrechnung)

Im Gegensatz zur Geschäftsbuchhaltung ist die Betriebsabrechnung nach **innen** gerichtet und befaßt sich mit den innerbetrieblichen Wertbewegungen, die sich im Zusammenhang mit dem betrieblichen Kombinationsprozeß ergeben. Sie verfolgt den innerbetrieblichen Wertefluß, nimmt jedoch weitgehende Umformungen des von der Buchhaltung übernommenen Zahlenmaterials vor und wertet es nach statistischen Methoden aus.

---

[4] Stark vereinfacht; nach § 157 Abs. 1 Aktiengesetz 1965 ist heute für Aktiengesellschaften die Staffelform der G.u.V.-Rechnung verbindlich. Hier wurde aus methodischen Gründen die obige Darstellungsform gewählt.

[5] Wöhe, G., a. a. O., S. 499.

Die Betriebsabrechnung befaßt sich insbesondere mit den Fragen einer richtigen Zurechnung der bei der Leistungserstellung und -verwertung angefallenen Kosten auf die Kostenträger, überwacht die Kosten an den Orten ihrer Entstehung, schafft Unterlagen zur Kalkulation der Leistungen und ermöglicht die Ermittlung von Preisuntergrenzen.

Als Hauptaufgabe der Betriebsabrechnung lassen sich somit herausstellen:

Wirtschaftlichkeitskontrolle zur Überwachung der Betriebstätigkeit und

Selbstkostenermittlung als Grundlage der Preispolitik

Als Teilgebiete[6]) der Betriebsabrechnung unterscheidet man:

- die Kostenartenrechnung,

- die Kostenstellenrechnung und

- die Kostenträgerrechnung (Kostenträgerstückrechnung — Kalkulation).

In der **Kostenartenrechnung** geht es um die nach Kostenarten getrennte Erfassung des in den einzelnen Abrechnungsperioden (meist monatlich) angefallenen betriebsbedingten Werteverzehrs. Die Kostenartenrechnung beantwortet die Frage: **welche** und **wieviel** Kosten in der Periode entstanden sind. (Löhne, Gehälter, Zinsen, Abschreibungen, usw.)

In der **Kostenstellenrechnung** werden die in der Kostenartenrechnung erfaßten Kosten auf die Kostenstellen (= nach bestimmten Kriterien organisierte Einheiten des Betriebes) verteilt, in denen sie entstanden sind. Organisationsmittel der Kostenstellenrechnung ist der Betriebsabrechnungsbogen (kurz BAB genannt).

Insbesondere hat die Kostenstellenrechnung die Verteilung der Gemeinkosten zu bewirken und zwar nach dem Prinzip der Verursachung den Kostenstellen zuzurechnen, die sie verursacht haben. Das geschieht aus einem zweifachen Grund:

1. um zu wissen, wo welche Kosten in welcher Höhe entstanden sind und

2. um die Leistungen mit den Kosten der Kostenstellen zu belasten, die diese Leistungen erbringen. (Bildung von Kalkulationssätzen)

Die Kostenstellenrechnung beantwortet die Frage: **wo** die Kosten entstanden sind.

In der **Kostenträgerrechnung** werden die Selbstkosten für die Leistungseinheit (Kostenträger) des Betriebes ermittelt. Sie dienen der Preispolitik und bilden die Grundlage der Betriebsergebnisrechnung.

---

[6]) In der Literatur wird überwiegend diese Einteilung vorgenommen. Gelegentlich findet man unter dem Begriff Betriebsabrechnung die Teilgebiete: Kostenarten- und Kostenstellenrechnung. Dann wird Kostenrechnung als Oberbegriff verwendet mit den Teilgebieten: Betriebsabrechnung und Kostenträgerrechnung.

Die Kostenträgerrechnung kann je nach dem Zeitpunkt der Durchführung sein:

- Vorkalkulation: sie ist dann in der Regel eine Angebotskalkulation,

- Zwischenkalkulation: sie erfolgt bei Kostenträgern mit längerfristiger Produktionsdauer zum Zwecke der Bilanzierung von unfertigen Erzeugnissen für Zwischenabrechnungen, oder zur Ermittlung von Ersatzforderungen bei Widerruf eines Auftrages,

- Nachkalkulation: ermittelt die tatsächlich entstandenen Kosten und erfolgt nach Fertigstellung der Kostenträger. Sie liefert ferner Daten für die Betriebsergebnisrechnung.

Die Kostenträgerrechnung beantwortet die Frage: **wofür** sind welche Kosten entstanden.

Aus organisatorischen Gründen wird ein wichtiges Teilgebiet des Rechnungswesens, die **Betriebsergebnisrechnung** (auch als kurzfristige Erfolgsrechnung bezeichnet), der Kostenträgerzeitrechnung zugeordnet. In ihr werden den Periodenkosten die Leistungen des Betriebes gegenübergestellt und daraus der Betriebserfolg ermittelt.

Die GuV-Rechnung, als älteste Methode der Erfolgsermittlung im Rahmen der Geschäftsbuchhaltung, ist aus verschiedenen Gründen (s. Kap. 9) nicht in der Lage, ein zutreffendes Bild des Betriebserfolges zu ermitteln. Mittels Gesamtkosten- und Umsatzkostenverfahren werden in kurzen Zeitabständen Artikel-, Artikelgruppen oder Gesamtbetriebserfolgsrechnungen durchgeführt, analysiert, und kurzfristige Entscheidungen möglich gemacht.

Zur Erfassung des mengen- und wertmäßigen Verbrauchs der wichtigsten Produktionsfaktoren: Arbeit, Betriebsmittel und Werkstoffe sind:

Materialabrechnung,

Lohnabrechnung und

Anlagenabrechnung

häufig der Betriebsabrechnung zugeordnet, obwohl sie Zahlenmaterial für die Finanzbuchhaltung (Aufwendungen u. Bestände) sowie für die Kostenrechnung (Kosten) liefern. Häufig werden sie als Nebenrechnung geführt.

1.1.3. Die betriebliche Statistik — als weiteres Teilgebiet des Rechnungswesens — ist ein Instrument zur Erfassung und Auswertung von betrieblichen Massenerscheinungen. Sie erhält ihr Zahlenmaterial teils von der Kostenrechnung, teils von der Finanzbuchhaltung oder durch eigene Erhebungen, und stellt eine Vergleichsrechnung dar[7].

---

[7] Vgl. hierzu: Mellerowicz, K., a. a. O., S. 23 f. und S. 128 ff.

1.1.4. In der **Vorschau und Planungsrechnung** sollen zukünftige betriebliche Vorgänge mengen- und wertmäßig erfaßt werden, um unternehmerische Entscheidungen vorzubereiten. Hierzu werden aus Zahlen der Geschäftsbuchhaltung, Statistik und Kostenrechnung kurz- und langfristige Einzel- und Gesamtpläne erstellt und Soll-Ist-Vergleiche durchgeführt.

Zusammenfassend kann festgestellt werden, daß trotz spezifischer Aufgaben, die die einzelnen Teilgebiete des Rechnungswesens zu erfüllen haben, sie sich gegenseitig durchdringen und ein einheitliches organisatorisches Ganzes bilden. Außer der Finanzbuchhaltung, über die in irgendeiner Form durch gesetzliche Vorschriften alle Betriebe verfügen müssen, sind sich viele Betriebe immer noch nicht über den Wert einer Kostenrechnung, Betriebsergebnisrechnung und Planungsrechnung für qualifizierte unternehmerische Entscheidungen bewußt und begeben sich damit eines wertvollen Instruments, das Betriebsgeschehen angemessen und vorteilhaft zu kontrollieren und zu steuern[8]), und intuitive durch zahlenmäßig abgesicherte Entscheidungen zu ersetzen.

Die Tabelle auf Seite 7 soll nochmals in graphischer Form die Zusammenhänge der Teilgebiete des Rechnungswesens darstellen.

2. Grundsätze und Prinzipien der Kostenrechnung

2.1. Grundsätze der Kostenrechnung

Grundsätze der Kostenrechnung stellen Mindestanforderungen für Kostenrechnungen dar.

● **Grundsatz der Wirtschaftlichkeit**

Er besagt, daß die angestrebten Erkenntnisse hinsichtlich des Aufwandes zu ihrer Gewinnung in einem angemessenen ökonomischen Verhältnis stehen müssen, d. h. in der Regel ist keine Pfenniggenauigkeit erforderlich, es dürfen keine unnötigen Auswertungen erfolgen.

● **Grundsatz der Vollständigkeit**

Er besagt, daß durch entsprechende Betriebsorganisation sichergestellt sein muß, daß alle Daten vollständig erfaßt werden.

● **Grundsatz der Richtigkeit**

Er besagt, daß die in der Kosten- und Leistungsrechnung erfaßten Werte betriebswirtschaftlich objektiv richtige Werte beinhalten müssen, d. h. für die

---

[8]) Vgl. hierzu: Mrachcz, H. P., in Handbuch der Kostenrechnung, München 1971, S. 840, der die Zahl der Betriebe mit Grenzplankostensystemen auf 200—300 Betriebe schätzt; ferner Untersuchung des RKW: Rechnungswesen, Organisation und Planung in Unternehmen, 1. u. 2. Ergebnisbericht, Frankfurt 1965.

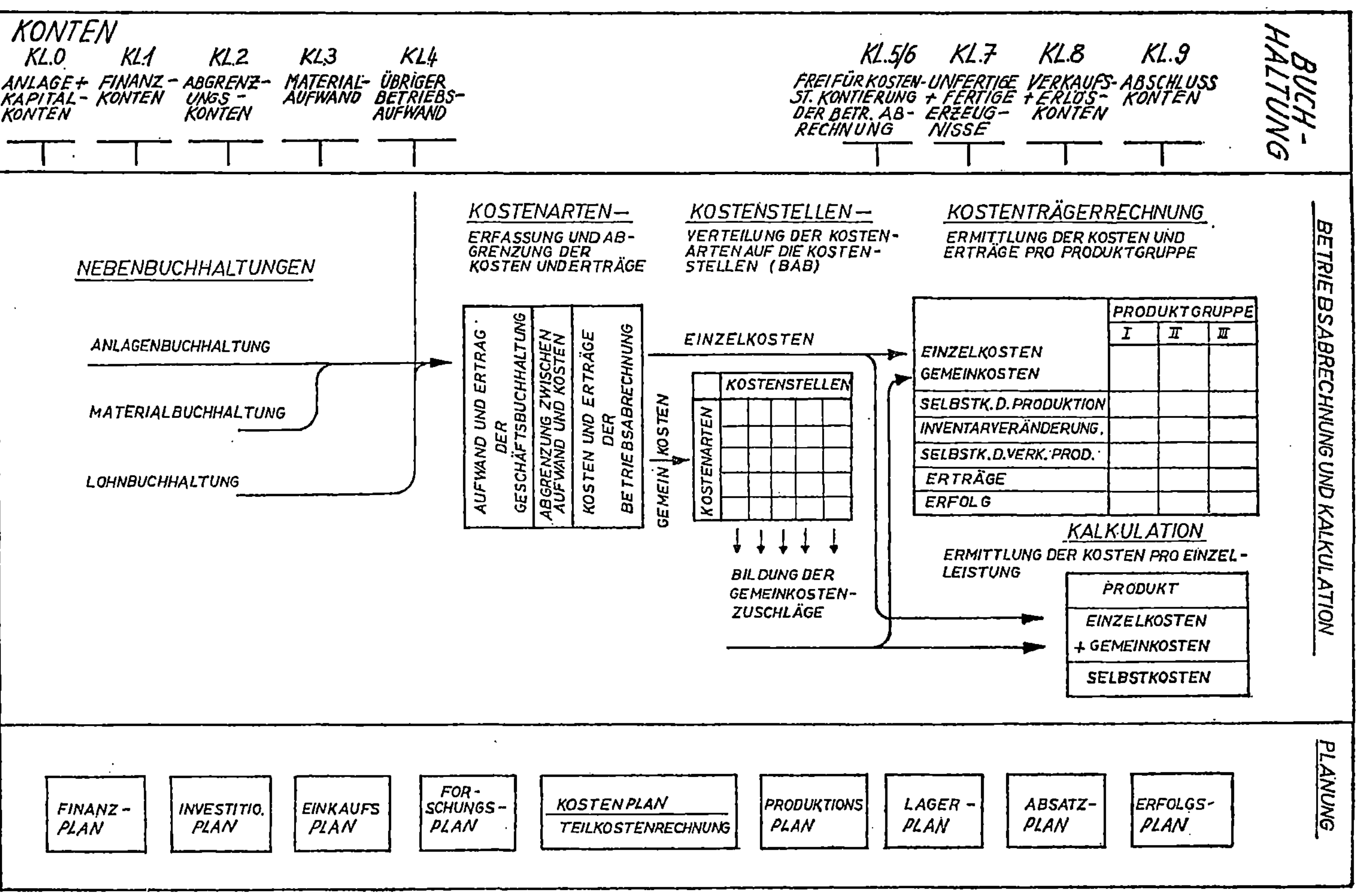

Die Teilgebiete des betrieblichen Rechnungswesens

Wertermittlung sind weder bilanz-, steuer- oder absatzpolitische Gesichtspunkte maßgeblich, sondern nur nach kostenrechnerischen Kriterien gewählte Wertansätze. So wäre es zum Beispiel falsch, bei Unterbeschäftigung kalkulatorische Kosten außer Ansatz zu lassen, richtig dagegen, bei richtiger Selbstkostenermittlung kurzfristig unter Selbstkosten zu verkaufen. (Preisuntergrenze bestimmen!)

- **Grundsatz der Einheitlichkeit**

Er besagt, daß nicht mehrere Verfahren nebeneinander angewendet werden, z. B. für öffentliche und private Aufträge, Kostenverteilungsschlüssel beibehalten werden, die Gliederung der Kostenarten gleichbleibend ist usw. Besondere Abrechnungen müssen außerhalb des einheitlichen Verfahrens durchgeführt werden, um die Ergebnisse nicht zu verfälschen.

- **Grundsatz der Vergleichbarkeit**

Er besagt, daß Kostenrechnungen innerhalb des Betriebes (Konzernbetriebe) und möglichst für Zwecke des Betriebsvergleichs innerhalb der Branche vergleichbar sein sollen.

2.2. Prinzipien der Kostenrechnung

Kosten müssen in der Betriebsabrechnung nach bestimmten Prinzipien verrechnet werden. Dabei werden in der Regel drei Prinzipien unterschieden:

a) Verursachungs- oder Proportionalitätsprinzip

Das Verursachungs- oder Proportionalitätsprinzip fordert, den Kostenstellen und Kostenträgern nur die Kosten anzulasten, die kausal durch sie veranlaßt wurden.

Problematisch ist hierbei die Verrechnung von Fixkosten in der Kostenträgerrechnung. Fixkosten werden nicht unmittelbar durch die betriebliche Leistungserstellung verursacht. Sie fallen auch an, wenn nicht produziert wird (z. B. Raummiete, Zinsen, Gehälter usw.). Werden diese zeitabhängigen Kosten den Kostenträgern in Form von stückfixen Kosten zugerechnet, verstößt diese Zurechnung gegen das Verursachungsprinzip, das einen logischen Ursache-Wirkungszusammenhang fordert. Nur variable Kosten werden unmittelbar durch die Produktion verursacht und genügen bei der Zurechnung auf Kostenträger dem Verursachungsprinzip.

In konsequenter Weise ist dieses Prinzip nur in der Grenzplankostenrechnung und Deckungsbeitragsrechnung verwirklicht.

b) Kostentragfähigkeitsprinzip

Nach diesem Prinzip werden den Kostenträgern auf Grund ihres Stückbruttogewinns/Deckungsbeitrages (= Differenz zwischen erwartetem Stückerlös und variablen Stückkosten) anteilige Fixkosten je nach Tragfähigkeit — oder im proportionalen Verhältnis zum Stückbruttogewinn angelastet.

Kritisch zu diesem Prinzip ist anzumerken, daß die so ermittelten Kalkulationsergebnisse durch sich ändernde Marktdaten (Erlöse der Produkte) nicht ohne weiteres für dispositive Zwecke zu gebrauchen sind.

c) Durchschnittsprinzip

Vollkostenrechnungen verrechnen alle Kosten direkt oder indirekt auf die Kostenträger. Die entstandenen Kosten werden mittels Durchschnittsbildung auf die Kostenträger verteilt. Das Durchschnittsprinzip tritt damit an die Stelle des strengen Verursachungsprinzips.

„Für alle Fälle, in denen mit Vollkosten gerechnet werden muß, ist dieses Durchschnittsprinzip wissenschaftlich zu vertreten, wenn innerhalb der Kostenarten-, Kostenstellen- und Kostenträgerrechnung die Verrechnung nach dem strengen Kausalitätsprinzip jeweils auf verschiedene Bezugsgrößen erfolgt."[9][10]

3. Produktions- und Kostentheorie

3.1. Ertragsgesetzlicher Kostenverlauf

Betriebe sind darauf angelegt, Güter zu produzieren und Dienstleistungen bereitzustellen (= betriebliche Leistungserstellung). Das geschieht durch Kombination der Produktionsfaktoren (Arbeit, Betriebsmittel, Werkstoffe) im betrieblichen Leistungsprozeß.

Diese Kombination vollziehen Betriebe marktwirtschaftlicher Prägung nach zwei Prinzipien, nach dem:

① **Wirtschaftlichkeitsprinzip** $= \dfrac{\text{bewerteter Faktorertrag[11]}}{\text{bewerteter Faktoreinsatz}}$ und dem

② **Erwerbswirtschaftlichen Prinzip**

      (= Streben nach langfristiger Gewinnmaximierung)

Die Produktions- und Kostentheorie versucht die funktionalen Beziehungen, die sich zwischen dem mengen- und wertmäßigen Einsatz an Produktionsfaktoren und deren mengen- und wertmäßigen Ausbringung ergeben, aufzuzeigen. Man unterscheidet grundsätzlich zwei verschiedene Produktionsfunktionen[12]

    — die Funktion vom Typ A und

    — die Funktion vom Typ B.

---

[9] Huch, B., Einführung in die Kostenrechnung, Würzburg - Wien 1971, S. 45.

[10] Vgl. ferner hierzu: Böckel/Höpfner, Moderne Kostenrechnung, Stuttgart - Berlin - Köln - Mainz 1972, S. 18—20; Haberstock, L., Kostenrechnung I ((Privatdruck), Saarbrücken 1972, S. 55 f.

[11] Faktoreinsatz/Faktorertrag = mengen/wertmäßige Erfassung der Produktionsfaktoren.

[12] Heinen versucht mit der Produktionsfunktion vom Typ C eine allgemeingültige Funktion aufzustellen. Vgl. hierzu: Heinen, E., Produktions- und Kostentheorie, in: Allgemeine Betriebswirtschaftslehre in programmierter Form, Wiesbaden 1969, S. 201 ff.

Die Produktionsfunktion vom Typ A geht davon aus, daß ein bestimmter Faktorertrag mit Hilfe verschiedener Kombinationen von Faktoreinsatzmengen hergestellt werden kann. Es muß also z. B. möglich sein, eine bestimmte Produktmenge mit viel Handarbeit und wenig Maschinenstunden herzustellen oder die gleiche Produktmenge mit wenig Handarbeit und mehr Maschinenstunden zu erzeugen.

Das Ertragsgesetz wurde unter folgenden Prämissen abgeleitet:

① Ein konstanter Faktor und ein variabler Faktor werden in der Weise kombiniert, daß steigende Mengeneinheiten des variablen Faktors auf den konstanten Faktor aufgewendet werden.

② Der variable Faktor ist völlig homogen, d. h. alle Einheiten sind von gleicher Qualität und gegenseitig austauschbar.

③ Der variable Faktor ist beliebig teilbar.

④ Die Produktionstechnik ist unveränderlich.

⑤ Es wird nur eine Produktart erzeugt.

⑥ Die Preise der Produktionsfaktoren und der Einheiten der produzierten Güter sind konstant.

Eine quantitative Ableitung dieser Ertragsfunktion setzt voraus, daß man den Beitrag kennt, den jeder einzelne Faktor zur Erstellung der Gesamtproduktion leistet. Damit läßt sich dann diejenige Kombination erreichen, bei der die Produktivität ein Optimum erreicht (Produktivität ist der Quotient aus Ausbringung und Faktoreinsatz: $Pr = \dfrac{x}{r}$).

Die Ausbringung x ist ihrerseits funktionsmäßig mit dem Faktoreinsatz verbunden:

$$x = f(r_1, r_2, r_3, \ldots r_n) = \text{Produktionsfunktion}$$

Nun kann man unter der Voraussetzung der Gültigkeit der Produktionsfunktion vom Typ A bei gleicher Ausbringung den Faktoreinsatz variieren, also auch die Produktivität verändern. Bei infinitesimaler Betrachtung erhält man die **Grenzproduktivität** eines Faktors. Unter Grenzproduktivität versteht man dabei den „Differentialquotienten aus der (infinitesimal kleinen) Mengenänderung des betrieblichen Ertrages und der diese bewirkenden (infinitesimalen kleinen) Änderung der Einsatzmengen eines Produktionsfaktors"[13]

Die Grenzproduktivität ist:

$$p_{g1} = \frac{dx}{dr_1}$$

---

[13] Fäßler u. a. in: Kostenrechnungslexikon, München 1971, S. 174, Sp. 1.

Den **Grenzertrag** des variablen Faktors erhält man durch die Erhöhung der Einsatzmenge des variablen Faktors durch eine infinitesimale kleine Einheit

$$e' = \frac{dx}{dr_1} \cdot dr_1$$

Weil mehrere Faktoren kombiniert werden, müssen die partiellen Grenzproduktivitäten errechnet werden:

$$p_{gp1} = \frac{\partial x}{\partial r_1} \cdot dr_1; \; p_{gp2} = \frac{\partial x}{\partial r_2} \cdot dr_2 \ldots,$$

der totale Grenzertrag aller Faktoren ist also:

$$dx = \frac{\partial x}{\partial r_1} \cdot dr_1 + \frac{\partial x}{\partial r_2} \cdot dr_2 \ldots + \frac{\partial x}{\partial r_n} \cdot dr_n$$

Diese Gleichung ist eine reine **Mengenrelation**. Für die Kostenrechnung müssen die Produktionsfaktoren mit Preisen bewertet werden. Dabei wird angestrebt, daß der Betrieb langfristig die Kombination von Produktionsfaktoren wählt, bei der die partiellen Grenzproduktivitäten sich wie die Preise der Produktionsfaktoren verhalten. Damit ergibt sich folgender Ausdruck:

$$\frac{\partial x}{\partial r_1} : \frac{\partial x}{\partial r_2} : \ldots : \frac{\partial x}{\partial r_n} = p_1 : p_2 : \ldots p_n$$

Dieser Effekt wird in der betriebswirtschaftlichen Literatur als **Minimalkostenkombination** bezeichnet.

Zeichenerklärung:

x	= Ausbringungsmenge
r_1 bis r_n	= Faktoreinsatzmengen
p_1 bis p_n	= Faktorpreise
$\frac{\partial x}{\partial r_1}$ bis $\frac{\partial x}{\partial r_n}$	= Grenzproduktivität der Faktoren r_1 bis r_n
e'	= Grenzertrag
p_{g1}	= Grenzproduktivität eines Faktors
p_{gp1} bis p_{pgn}	= Partielle Grenzproduktivitäten der Faktoren r_1 bis r_n

Wenn auch die Gültigkeit der Produktionsfunktion vom Typ A = der ertragsgesetzliche Kostenverlauf, für die Industrie umstritten und als nicht typisch angesehen wird, soll aus didaktisch-methodischen Gründen auf ihre Darstellung nicht verzichtet werden, da am Verlauf der Gesamtkostenkurve und der von ihr abgeleiteten Stückkostenkurven, Grenzkostenkurve und Fixkostenkurve wesentliche Einsichten in die kostentheoretischen Gesamtzusammenhänge aufgewiesen werden können.

Jede stetige Kurve, also auch die ertragsgesetzliche Kostenkurve, läßt sich mathematisch approximieren, also mit beliebiger Genauigkeit annähern, denn es gilt:

$$x = f(r_1, r_2, r_3, \dots r_n) \quad \text{und wertmäßig:}$$

$$x = f(r_1 \cdot p_1; \; r_2 \cdot p_2; \; \dots r_n \cdot p_n)$$

also: $x = f(k) \to K = g(x)$; die Kostenkurve ist also die Umkehrfunktion der wertmäßigen Produktionsfunktion. Eine solche ertragsgesetzliche Kostenkurve lautet:

$$K = \boxed{ax^3 - bx^2 + cx + d}$$

z. B.:
$$K = 32 + 16x - 1{,}3\,x^2 + 0{,}05x^3$$

Grenzkosten stellen den Gesamtkostenzuwachs dar, der sich durch Leistungserstellung der letzten Einheit ergibt.

Mathematisch sind die Grenzkosten die erste Ableitung der Gesamtkostenfunktion.

Die Grenzkosten sind: $\dfrac{dK}{dx} = 16 - 2{,}6x + 0{,}15x^2.$

Das Minimum der Grenzkostenkurve wird durch den Wendepunkt der Gesamtkostenkurve bestimmt.

Der Wendepunkt einer Funktion wird mathematisch ermittelt, indem man hier das Minimum der ersten Ableitung ermittelt =

Ableitung der K'-Funktion Null setzen[14]):

$$\left(\frac{dK}{dx}\right)' = \frac{d^2K}{dx^2} = -2{,}6 + 0{,}3x = 0$$

$$0{,}3x = 2{,}6$$

$$\text{Wendepunkt:} \qquad x = 8{,}67$$

Die Fixkosten sind leicht zu ermitteln:

für $x = 0 \to K = 32$

Durchschnittskosten: $\quad k = \dfrac{K}{x} = \dfrac{32 + 16x - 1{,}3x^2 + 0{,}05x^3}{x}$

Minimum der Durchschnittskosten:

Das Minimum der Funktion k findet man, wenn man die erste Ableitung der Funktion $= 0$ setzt.

---

[14]) Zur graphischen Ableitung vgl. Wöhe, G., a. a. O., S. 248 ff.

— B e h a u p t u n g : Minimum liegt im Schnittpunkt von Durchschnitts- und Grenzkosten

1. Weg: $k = $ Minimum $= k' = 0$

$$\left(\frac{32 + 16x - 1{,}3x^2 + 0{,}05x^3}{x} \right)' = 0$$

$$\frac{x(16 - 2{,}6x + 0{,}15x^2) - (32 + 16x - 1{,}3x^2 + 0{,}05x^3)}{x^2} = 0 \quad [15])$$

$$\frac{16x - 2{,}6x^2 + 0{,}15x^3 - 32 - 16x + 1{,}3x^2 - 0{,}05x^3}{x^2} = 0$$

$$\frac{- 1{,}3x^2 + 0{,}1x^3 - 32}{x^2} = 0$$

$$\boxed{0{,}1x^3 - 1{,}3x^2 - 32 = 0}$$

2. Weg: Ermittlung Schnittpunkt von Durchschnittskosten und Grenzkosten:

$$16 - 2{,}6x + 0{,}15x^2 = \frac{32 + 16x - 1{,}3x^2 + 0{,}05x^3}{x}$$

$$16x - 2{,}6x^2 + 0{,}15x^3 = 32 + 16x - 1{,}3x^2 + 0{,}05x^3$$

$$\boxed{0{,}1x^3 - 1{,}3x^2 - 32 = 0}$$

Damit ist der analytische Beweis erbracht, daß das Minimum der Durchschnittskosten im Schnittpunkt der Durchschnittskostenkurve und der Grenzkostenkurve liegt. (= Punkt BO) (siehe Abb. 1 u. 2) Der Punkt BO wird als Betriebsoptimum bezeichnet, denn an diesem Punkt ist das Verhältnis von Stückkosten und Ausbringungsmenge am günstigsten. Langfristig darf der Preis nicht unter die gesamten Stückkosten sinken.

Die fixen Stückkosten bei ertragsgesetzlichem Kostenverlauf:

$$k_f = \frac{K_f}{x} = \frac{32}{x}$$

$$\lim_{x \to \infty} \frac{32}{x} = 0; \qquad \lim_{x \to 0} \frac{32}{x} = \infty$$

---

[15]) Nach Quotientenregel.

Graphische Darstellung der Kostenauflösung:

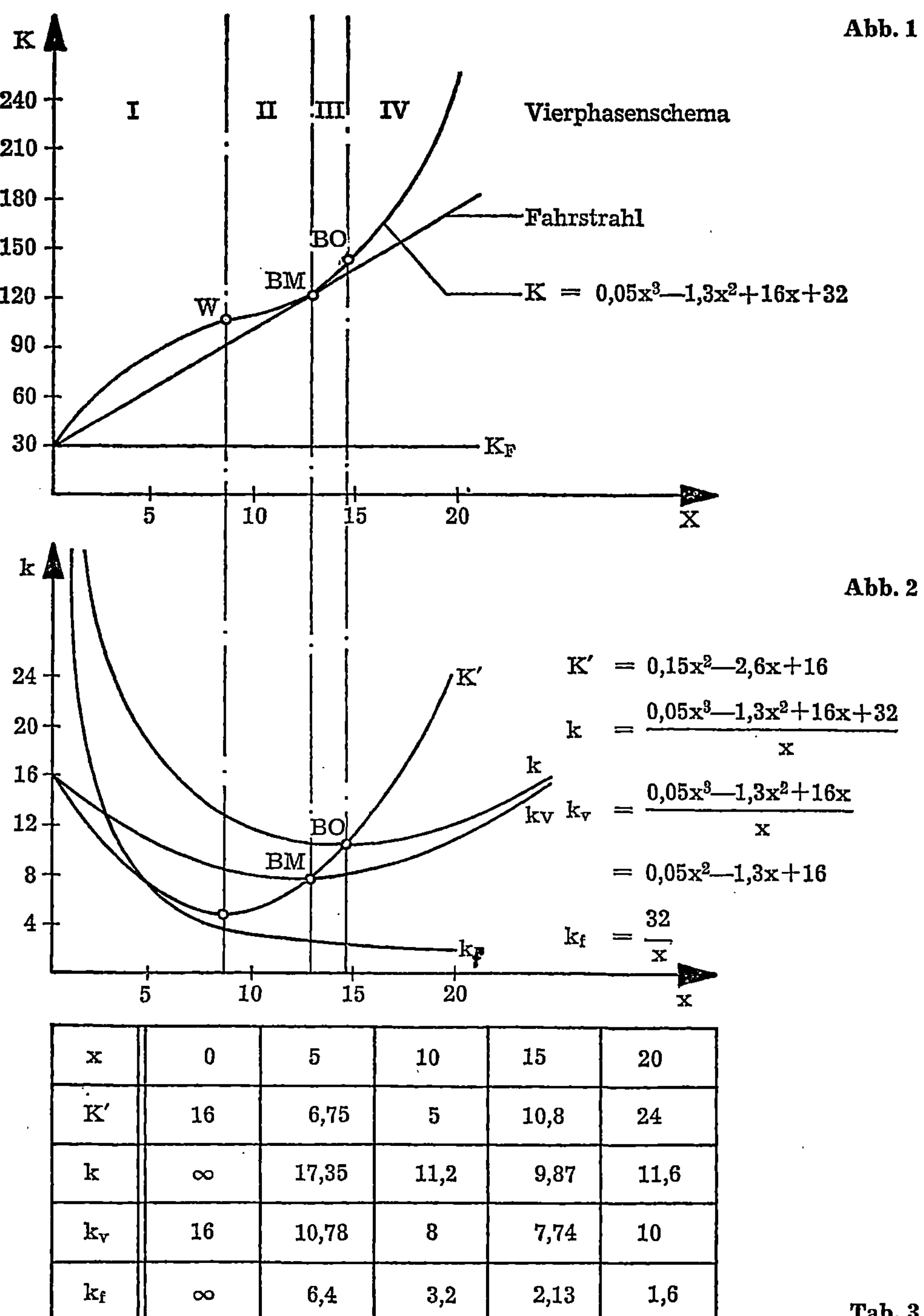

x	0	5	10	15	20
K'	16	6,75	5	10,8	24
k	∞	17,35	11,2	9,87	11,6
k_v	16	10,78	8	7,74	10
k_f	∞	6,4	3,2	2,13	1,6

Tab. 3

Die variablen Durchschnittskosten:

$$k_v = \frac{K - K_F}{x} = \frac{Kv}{x}$$

$$k_v = \frac{0,05x^3 - 1,3x^2 + 16x}{x} = \underline{\underline{0,05x^2 - 1,3x + 16}}$$

M i n i m u m d e r k_v :

Das Minimum der variablen Durchschnittskosten liegt im Schnittpunkt der variablen Durchschnittskostenkurve mit der Grenzkostenkurve.

1. Weg:

$$k'_v = 0 = > 0,1x - 1,3 = 0$$
$$0,1x = 1,3$$
$$x = \underline{\underline{13}}$$

2. Weg:

Grenzkosten = variable Durchschnittskosten

$$16 - 2,6x + 0,15x^2 = 0,05x^2 - 1,3x + 16$$

$$x = \underline{\underline{13}}$$

Daraus folgt, daß das Minimum im Schnittpunkt der variablen Durchschnittskosten und der Grenzkosten liegt. (= BM)

Dieser Punkt ist in der graphischen Darstellung mit BM bezeichnet und wird als Betriebsminimum definiert. Das Betriebsminimum bezeichnet den Punkt mit den geringsten variablen Kosten pro Einheit Ausbringungsmenge. Gleichzeitig bezeichnet er die kurzfristige Preisuntergrenze, d. h. wenn der erzielbare Preis die variablen Stückkosten bei dieser Ausbringung nicht mehr deckt, ist es sinnvoller, die Produktion einzustellen.

3.2. Produktionsfunktionen gebildet aus Verbrauchsfunktionen

Es ist einleuchtend, daß die wissenschaftlich umstrittene Gesamtkostenkurve auf der Grundlage der ertragsgesetzlichen Produktionsfunktion nicht die Grundlage betrieblicher Kostenanalyse sein kann, wenn sie auch zu Anschauungszwecken gut geeignet ist. Es wird deshalb angestrebt, von der Gesamtkostenbetrachtung auf die analytische Darstellung von Kostenstellen überzugehen und die theoretische Grundlage der Ertragsfunktion des Types A fallenzulassen. Aus diesem Grund wurde eine neue Produktionsfunktion eingeführt, bei der die Einsatzmengen nicht frei variierbar sind[16]), sondern in einer eindeutigen Beziehung zum Ertrag stehen; die Verbrauchsfunktionen dienen hier als Grundlage. Es ist möglich, die Verbrauchsfunktion, die die funktionale Beziehung zwischen dem Verbrauch einer Faktorart zur Erstellung einer Leistungseinheit zur technischen Leistung eines Betriebsmittels wiedergibt, jeder wichtigen Kostenstelle, Maschine oder Kostenplatz mathematisch zu erfassen,

---

[16]) Man spricht von Limitionalität der Produktionsfaktoren, d. h., die Produktionsfaktoren können nur in einem ganz bestimmten Verhältnis miteinander kombiniert werden (Typisches Beispiel: Chemische Industrie).

ihr Optimum zu ermitteln und die Funktionen aller Kostenstellen zu addieren. Bei Verwendung von festen Verrechnungspreisen für Energie, Hilfs-, Betriebs- und Rohstoffen sowie der anfallenden Fertigungslöhne lassen sich komplexe Vorgänge plastisch (also graphisch) erfassen und liefern wichtige Entscheidungshilfen für Disposition und Plankostenrechnung.

Die Verbrauchsfunktion vom Typ B bezieht sich auf die abgegebene Leistung, die mit „d" bezeichnet wird. Bei gegebener technischer Ausstattung hängt der mengenmäßige Verbrauch von Produktionsfaktoren von der Beschäftigung (= Ausbringung) x ab:

$$d_j = \varphi_j (x) \ (j = 1, \ldots p; \quad p = \text{Zahl der Teileinheiten})$$

Die benötigten Faktoren werden mit r_1, r_2, $\ldots r_m$ bezeichnet, zusätzlich erhalten sie den Index der bezeichneten Maschine, also:

$$r_{11} = f_{11} (d_1)$$
$$r_{21} = f_{21} (d_2)$$
$$\vdots \qquad \vdots$$
$$r_{m1} = f_{m1} (d_1)$$

Die Einsatzmengen r_i sind für alle Aggregate $(i = 1, \ldots n)$

$$r_i = \sum_{j=1}^{p} r_{ij} = \sum_{j=1}^{p} f_{ij} [\varphi_j (x)]$$

Werden alle Faktoren mit ihren Preisen (Verrechnungspreisen) bewertet, so erhält man die Kosten in Abhängigkeit zur Leistungsabgabe. Diese Abhängigkeit ist individuell für jede Maschine verschieden, doch läßt sie sich häufig genau ermitteln und mathematisch annähern.

Bei Verbrennungskraftmaschinen z. B. stehen Brennstoffverbrauch, Leistung und Drehzahl in einem gewissen Verhältnis:

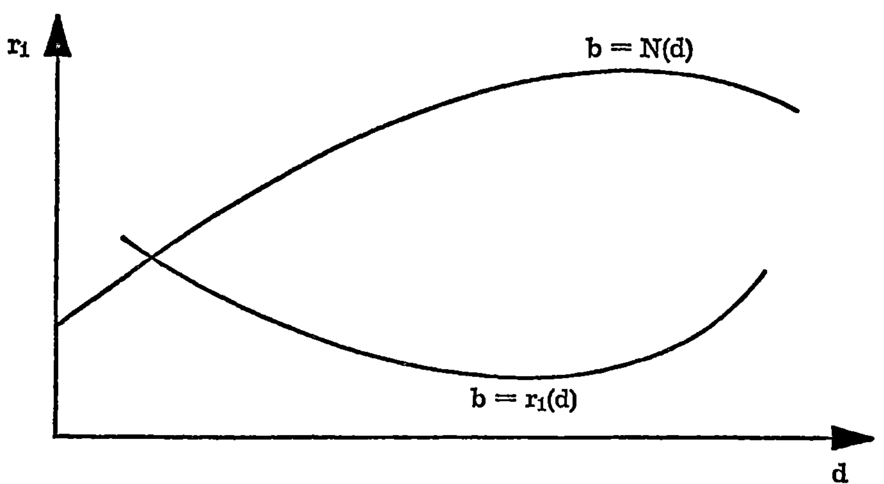

Abbildung 3
N = Leistung, b = Brennstoffverbrauch, d = Drehzahl

Der Brennstoffverbrauch läßt sich als Polynom 3. Grades ausdrücken:

$$r_1 = Ad^3 + Bd^2 + Cd + D$$

Die Konstanten A, B, C, D sind für jeden Maschinentyp zu ermitteln.

Für Elektromotoren gilt: Stromverbrauch $r_2 = Ad^2 + Bd + D$, wobei der Teilausdruck Ad^2 so klein ist, daß er vernachlässigt werden kann. Der Schmiermittelverbrauch läßt sich wie die meisten Verbrauchsfunktionen linear darstellen:

$$r_3 = Ad + B.$$

Der konstante Faktor B tritt bei allen Schmelz-, Trocknungs- oder Heizvorgängen auf, bei denen eine gewisse Energie durch Wärmeleitung verloren geht. Zu diesen technisch bedingten Fixkosten kommen dann noch Abschreibungen, Zinsen, Grundstücks- und Gebäudekosten u. a. Andere Verbrauchsmengen sind der Leistung direkt proportional, $r = A \cdot d$, wie z. B. Rohstoffe.

Werden alle Teilkosten einer Kostenstelle addiert und faßt man alle Kostenstellen zusammen, so erhält man eine Gesamtkostenfunktion, die typisch für den Betrieb ist.

Beispiel für 1 Kostenstelle:

Brennstoffverbrauch für Maschinengruppe A:

$$r_1 = 0{,}3\,d^3 - 0{,}8\,d^2 + 2d + 3$$

Die Leistungsabgabe d steht in einem gewissen Verhältnis zur Ausbringung x. Da sie die für den Betrieb relevantere Größe ist, wird versucht, sie zur Grundlage für die Berechnung zu machen. (Für Einproduktenunternehmen, andernfalls Differenzierung).

Brennstoffverbrauch:	$K_1 =$	$0{,}15x^3 - 0{,}35x^2 +$	$1{,}8x$	$+$	$1{,}8$
Maschinenöl:	$K_2 =$		$0{,}08x$	$+$	$0{,}7$
Werkzeugverbrauch:	$K_3 =$		$0{,}07x$		
Facharbeiterlöhne:	$K_4 =$				87
Hilfslöhne:	$K_5 =$				$18{,}7$
Rohstoffe:	$K_6 =$		$2{,}1x$		
Reparaturkosten:	$K_7 =$		$0{,}03x$	$+$	$3{,}3$
Kdk. Zinsen, Gebäudeko.					
Abschreibungen:	$K_8 =$				$8{,}5$
Stromkosten:	$K_9 =$	$0{,}08x^2 +$	$0{,}02x$	$+$	$2{,}5$

Gesamtkosten: $K = 0{,}15x^3 - 0{,}27x^2 + 4{,}1x + 122{,}5$

Einzelne Faktoren wie Gebäudekosten und Reparaturkosten sind dabei statistische Mittelwerte der Vergangenheit, ihre genaue Bestimmung ist Aufgabe der innerbetrieblichen Leistungsverrechnung. Es ist jedoch gerechtfertigt, Verrechnungspreise zu ermitteln, weil sie unerläßlich für die Optimierungsrechnung sind.

Die Kostenkurve in Abhängigkeit zur Ausbringung ist für dispositive Aufgaben wichtig. So kann es sein, daß der Betrieb die Wahl zwischen zwei Aggregattypen hat, deren Kostenverläufe wie folgt aussehen:

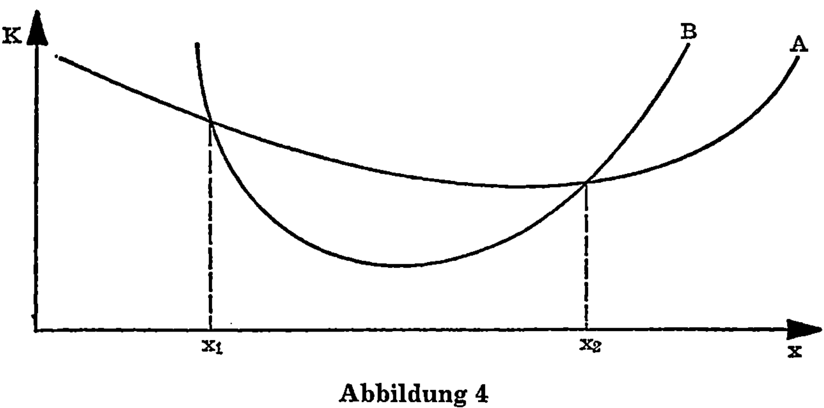

Abbildung 4

A ist eine Mehrzweckmaschine mit flachem Kurvenverlauf

B = Spezialmaschine, die zwischen x_1 und x_2 günstiger produziert.

Hier muß der Betrieb seine Preisabsatzfunktionen kennen und Marktbeobachtungen betreiben.

Einzelne Kostenkurven einer Ko-Stelle wie die eben entwickelte, können durchaus wie beim ertragsgesetzlichen Kostenverlauf aussehen, ohne deren theoretische Grundlage zu haben; die **Gesamtkostenkurve** des Betriebes verläuft dagegen für den praktisch nutzbaren Ausbringungsbereich meist linear mit einer Kostenprogression ab einer Beschäftigung von rund 100 %, weil alle Aggregate ihre optimale Leistungsabgabe überschreiten müssen.

Kostenverläufe auf der Grundlage von Verbrauchsfunktionen geben also die technische und organisatorisch bedingte Beschränkung der Faktorkombination wieder.

Trotzdem läßt sich in vielen Fällen eine **technisch** bedingte optimale Leistungsentnahme (Ausbringung) ermitteln[17]). Man geht von den gesamten Kosten K einer (oder mehrerer) Kostenstellen aus:

$$K = r_1 p_1 + r_2 p_2 + r_3 p_3 + \ldots + r_n p_n$$

Diese Kosten der Produktionsfaktoren sollen minimiert werden. r ist eine Funktion der Leistungsentnahme d:

$$r = f(d), \text{ also:}$$

$$K = f_1(d_1) \cdot p_1 + f_2(d_2) \cdot p_2 \ldots + f_n(d_n) p_n$$

---

[17]) Der Optimalwert ist dann vorhanden, wenn die Summe der mit ihren Preisen bewerteten Verbrauchsmengen der Einsatzfaktoren je Einheit ein Minimum bildet.

Den Extremwert (Minimum) erreicht man, indem man nach „d_i" differenziert und die Gleichung null setzt:

$$K_{min} = \frac{\partial k}{\partial d_i} = 0 = \frac{\partial f_1(d_1)}{\partial d_1} \cdot p_1 = \frac{\partial f_2(d_2)}{\partial d_2} \cdot p_2 = \ldots \frac{\partial f_n(d_n)}{\partial d_n} \cdot p_n = 0$$

Diese optimale Leistungsentnahme erlaubt dann die Bestimmung der technischen optimalen Ausbringung, denn:

$$x = f(d)$$

3.3. Lineare Kostenverläufe.

Kosten sind Faktoreinsatz mal Preis. Der Faktoreinsatz ergibt also das Mengengerüst, auf dem die Kostenrechnung aufgebaut ist. Die Höhe der Kosten wird von folgenden Größen beeinflußt[18]):

① **d u r c h   d i e   F a k t o r q u a l i t ä t**

darunter versteht man die Qualifikation der arbeitenden Menschen, der Organisation und aller anderen Produktionsfaktoren

② **d u r c h   d i e   k a p a z i t ä t s m ä ß i g e   A u s l a s t u n g   o d e r   B e s c h ä f t i g u n g**

③ **d u r c h   d i e   P r e i s e   d e r   P r o d u k t i o n s f a k t o r e n ,   d i e   B e t r i e b s g r ö ß e   u n d   F e r t i g u n g s p r o g r a m m**

Wenn man von einem gegebenen Betrieb ausgeht und dabei Faktorqualität, Preise, Betriebsgröße und Fertigungsprogramm als fest oder als um eine feste Größe oszillierend annimmt, dann bleibt als einzig variable Kostendeterminante die Beschäftigung.

Wenn man unterstellt, daß für industrielle Betriebe der lineare Gesamtkostenverlauf typisch ist, dann lautet bei Vorhandensein eines konstanten Faktors die Gesamtkostenfunktion:

$$K = a + bx$$

Als Zahlenbeispiel sei die Kostenfunktion:

$$K = 2000 + 5x \text{ gegeben}$$

Die **Grenzkosten,** als Steigungsmaß der Gesamtkostenkurve = erste Ableitung der Gesamtkostenfunktion, sind konstant:

$$\frac{dK}{dx} = K' = 5$$

---

[18]) Vgl. Gutenberg, E., Die Produktion, a. a. O., S. 288 ff.

Bei linearem Gesamtkostenverlauf sind die **variablen Stückkosten:**

$$k_v = \frac{K_v}{x} = \frac{5x}{x} = 5$$

ebenfalls konstant und entsprechen den Stückkosten:

$$k_v = K'$$

Die **gesamten Stückkosten,** die Summe aus variablen und fixen Stückkosten, betragen:

$$k = \frac{K_f}{x} + \frac{K_v}{x} \quad \text{oder}$$

$$k = k_f + k_v = \frac{2000}{x} + 5$$

Die Kurve der Stückkosten verläuft asymptotisch.

Die **fixen Stückkosten** errechnen sich aus der Division der gesamten Fixkosten durch die jeweiligen Ausbringungsmengen:

$$k_f = \frac{K_f}{x} = \frac{2000}{x}$$

Die Kurve der fixen Stückkosten weist einen hyperbolischen Verlauf aus.

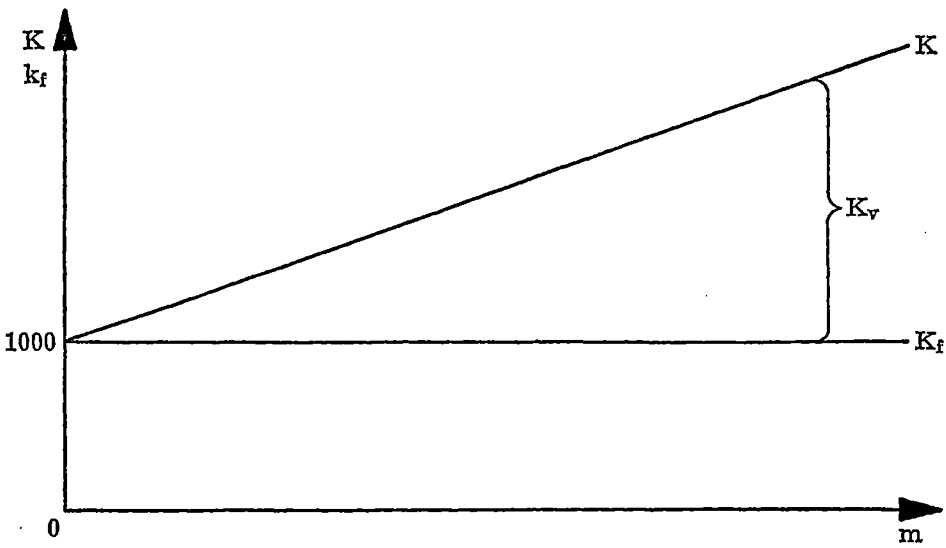

Abbildung 5

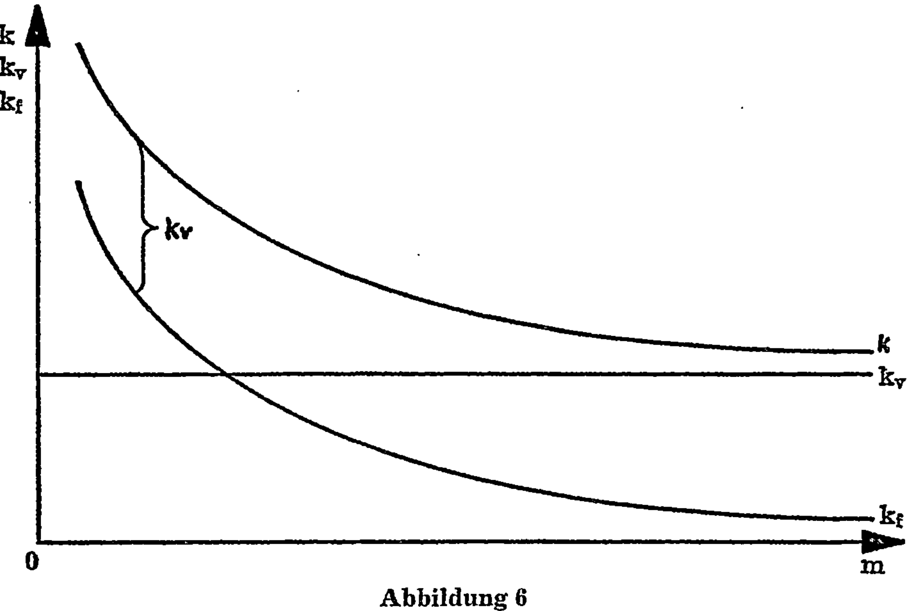

Abbildung 6

Ergebnis

Die industrielle Produktion ist gekennzeichnet durch Produktionsfunktionen vom Typ B, d. h. Limitionalität der Produktionsfaktoren. Die Produktionsfaktoren ihrerseits werden durch Verbrauchsfunktionen der maschinellen Anlagen bestimmt.

Kostenfunktionen werden für betriebliche Teilbereiche ermittelt, wobei neben der Beschäftigung auch andere Kosteneinflußfaktoren wirksam werden können. In dem für den konkreten Betrieb relevanten Beschäftigungsintervall können lineare Kostenverläufe unterstellt werden.

Lineare Kostenverläufe werden bei Grenzkostensystemen unterstellt.

3.4. Preisabsatzfunktionen und Kostenverläufe

In einem marktwirtschaftlichen System ist aber **nicht** die **technisch** bedingte optimale Ausbringung Ziel der Unternehmen, **sondern die Gewinnmaximierung.** Ein Unternehmen braucht also zwei Kenngrößen:

1. das betrieblich-technische Optimum und
2. die Kenntnis des Marktes bzw. seiner Preis-Absatzfunktion.

Langfristig wird es versuchen, beide Größen zu vereinigen, wobei aber der Markt immer Schrittmacher bleibt.

Aus der Fülle der Preisabsatzfunktionen seien hier die beiden prägnantesten und theoretisch extremsten herausgegriffen: diejenige des Polypolisten und des Monopolisten.

Ein Polypolist hat keinen Einfluß auf den Preis, er kann auch nicht auf persönliche, sachliche oder räumliche Bevorzugung gegenüber einem Konkurrenten hoffen.

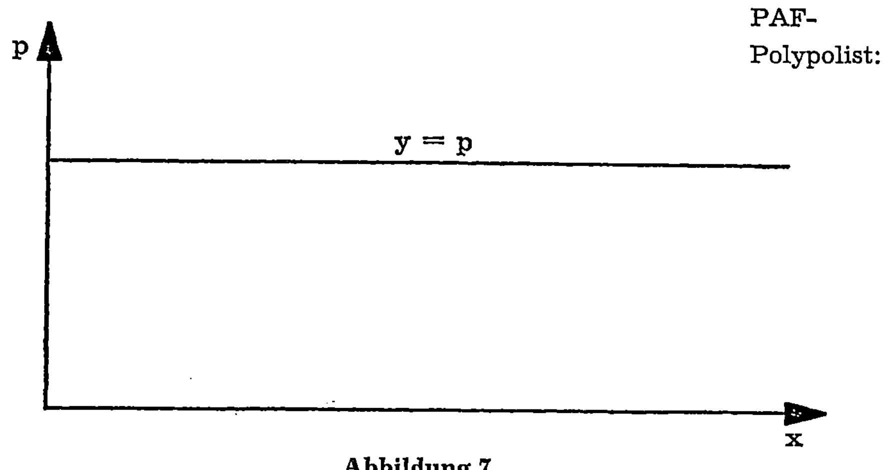

Abbildung 7

Bei einem Monopolist wird der Preis von diesem einseitig festgelegt und damit auch die Verkaufsmenge gesteuert.

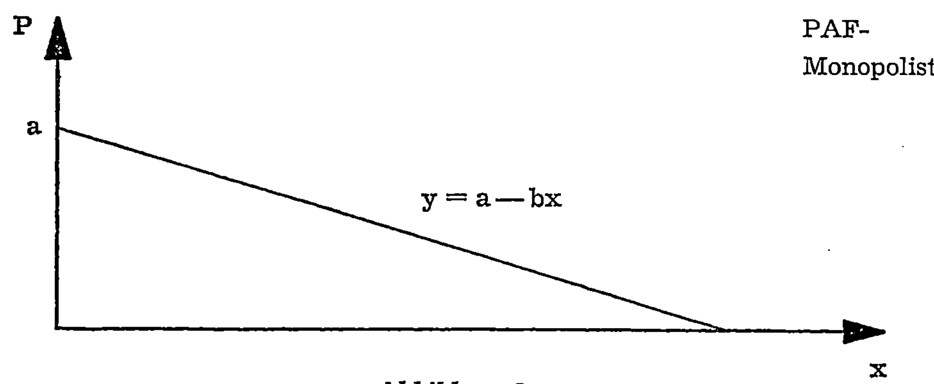

Abbildung 8

In jedem Fall gilt:

Gewinn = Umsatz — Kosten   Extremwert: $G' = 0$

   G   =   U   — K $U' - K' = 0$

                                    $\boxed{U' = K'}$ beim Gewinnmaximum

Um die oben gegebenen Erläuterungen auf den Marktmechanismus anzuwenden, stellen wir folgende Annahme auf:

I. Annahme: Polypolist und linearer Kostenverlauf:

$$K = 100 + 2{,}5x \rightarrow K' = 2{,}5$$

$$P = 3{,}2 = \text{konstant} \rightarrow U = P \cdot x; \quad U' = P$$

$$\left.\begin{array}{l} K' \neq U' \\ 2{,}5 \neq 3{,}2 \end{array}\right\} \text{ kein Schnittpunkt möglich}$$

Es läßt sich also kein eindeutiges Gewinnmaximum ermitteln. In diesem Fall gibt es zwei Möglichkeiten:

① Der Betrieb hat bei der Kostenanalyse eine Progression bei der Kapazitätsgrenze nicht beachtet.

② Die Kostenfunktion verläuft tatsächlich linear, dann wäre die optimale Ausbringung bei der Kapazitätsgrenze. Das Unternehmen würde versuchen, diese Grenze durch Investitionen immer weiter hinauszuschieben, bis es ein Monopol bekäme und sich seine PAF änderte.

Es läßt sich jedoch die Ausbringung x_1 ermitteln, ab der das Unternehmen einen Gewinnbetrag erzielt.

Gewinnschwelle:

E_{min} = Fixkosten — der Mindestbetrag muß die Fixkosten decken.

$E_{min} = (P - k_v) \cdot x_1$

$$x_1 = \frac{E_{min}}{P - K_v} = \frac{100}{3,2 - 2,5} = \frac{100}{0,7} = 143$$

$$\underline{x_1 = 143 \text{ Einheiten}}$$

II. Annahme: Polypolist und nichtlinearer Kostenverlauf:

$K = 0,03x^3 - 0,9x^2 + 15x + 10 \rightarrow K' = 0,09x^2 - 1,8x + 15$

$P = 9,25 = \text{konstant}$

$K' = P$

$0,09x^2 - 1,8x + 15 = 9,25$

$x^2 - 20x + 63,9 = 0 \rightarrow x_1 = 10 \pm \sqrt{100 - 63,9} = 10 \pm 6,01$

$$\boxed{x_1 \approx 16} \text{ -optimale Ausbringung}$$

$$x_2 \approx 4$$

$$G = U - K = 148 - 44,9 = \underline{103,1}$$

III. Annahme: Monopolist und linearer Kostenverlauf:

$K = 100 + 2,5x \rightarrow K' = 2,5$

$P = 12 - 0,01x \rightarrow U = P \cdot x = 12x - 0,01x^2; \quad U' = 12 - 0,02x$

$$U' = K'$$

$$12 - 0,02x = 2,5$$

$$\underline{x = 475 = \text{Cournotscher Punkt}}$$

$P = 12 - 4,75$
$P = 7,25$

$$G = U - K = 3442 - 1288 = \underline{2154}$$

IV. Annahme: Monopolist und nichtlinearer Kostenverlauf:

$$K = 0{,}1x^3 - 0{,}27x^2 + 4{,}1x + 142{,}5 \rightarrow K' = 0{,}3x^2 - 0{,}54x + 4{,}1$$

$$P = 80 - 0{,}7x \rightarrow U = P \cdot x = 80x - 0{,}7x^2; \quad U' = 80 - 1{,}4x$$

$$K' = U'$$

$$0{,}3x^2 - 0{,}54x + 4{,}1 = 80 - 1{,}4x$$

$$x^2 + 2{,}87x - 253 = 0 \rightarrow x = -1{,}435 \pm \sqrt{2{,}06 + 253}$$

$$x_1 = 14{,}5 = \text{Cournotscher Punkt}$$

$$P = 80 - 0{,}7 \cdot 14{,}5$$

$$P = 69{,}85 \qquad G = U - K = 994 - 451{,}1 = \underline{542{,}9}$$

In jedem Falle sind betriebliche Investitionen nur vor dem Hintergrund der langfristigen Gewinnmaximierung zu sehen. Ein weiterer wichtiger Aspekt sind die Zukunftsaussichten des Marktes, denn dieser ist nicht statisch, wie hier angenommen, sondern unterliegt ständigen Änderungen; Betriebliche Kostenrechnung und Marktanalyse liefern das Zahlenmaterial, dessen Auswertung nicht einfach nach dem vorangegangenen Schema abläuft.

Eine kritische Wertung der mathematischen Annäherung ist in jedem Fall nötig, weil diese Gleichungen eine Pseudogenauigkeit suggerieren, die einfach nicht gegeben sein kann, weil es sich immer nur um Annäherungen handelt.

So lassen sich etwa die Bedingungen menschlicher Arbeitsleistung kaum quantifizieren, und gerade bei voller Kapazitätsauslastung ist der Mensch oft das schwächste Glied in der Kette der Produktion.

Trotz dieser notwendigen Einschränkung kann die Mathematisierung (analytisch oder graphisch) Zusammenhänge transparent machen und eine wichtige Entscheidungshilfe sein.

4. Kostenrechnungssysteme im Überblick

Innerhalb des Rechnungswesens erfüllt die Kostenrechnung ganz bestimmte Aufgaben. Die Kostenrechnung ihrerseits soll unterschiedlichen Zwecken genügen. Nicht jedes der nachfolgend zu behandelnden Kostenrechnungssysteme erfüllt die unterschiedlichen Zwecke in gleicher Weise. Aus diesem Grunde wurden in Theorie und Praxis Systeme entwickelt, die den unterschiedlichen Aufgabenstellungen jeweils entsprechen. Der jeweils angestrebte Zweck, den ich mit der Kostenrechnung erfüllen will, entscheidet darüber, welche Kosten innerhalb der Betriebsabrechnung (Kostenarten-, Kostenstellen- und Kostenträgerrechnung) und Betriebsergebnisrechnung verrechnet werden und welches System der Kostenrechnung dazu am geeignetesten ist, d. h. es werden sowohl Ist/Normal und Plankosten wie Voll- und Teilkostenrechnungen nebeneinander bzw. miteinander kombiniert angewandt, je nach dem zu erfüllenden Zweck. Es ist nicht das Wesen eines Kostenrechnungssystems alle an die Kostenrechnung gestellten Aufgaben lösen zu können.

Nachstehende Übersicht gibt die nach Wesen und nach Umfang der verrechneten Kosten geordneten Kostenrechnungssysteme wieder.

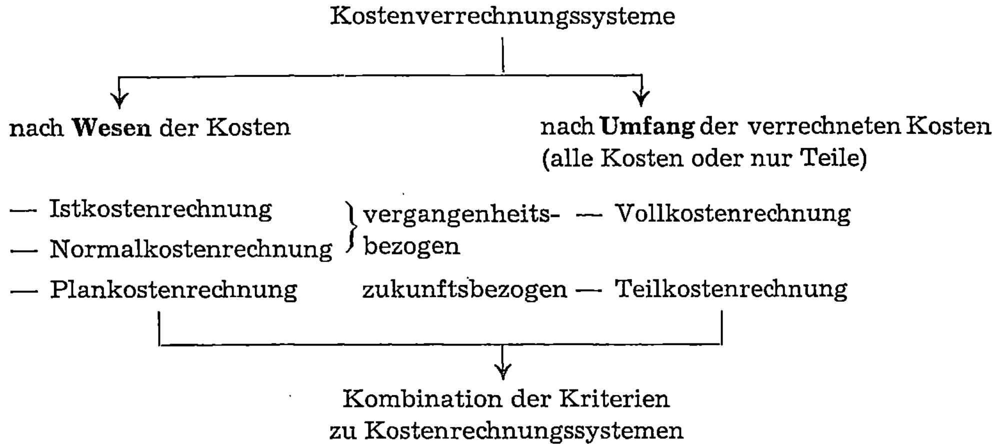

Umfang \ Wesen	Istkostenrechnung	Normalkosten-rechnung	Plankosten-rechnung
Vollkosten-rechnung	Istkostenrechnung als Vollkostenrechnung	Normalkosten-rechnung als Vollkostenrechnung	Plankosten-rechnung als Vollkostenrechnung
Teilkosten-rechnung	Istkostenrechnung als Teilkostenrechnung	Normalkosten-rechnung als Teilkostenrechnung	Plankosten-rechnung als Teilkostenrechnung

Abbildung 9

Abrechnungsweg: Kostenartenrechnung
Kostenstellenrechnung
Kostenträgerrechnung
} unabhängig vom Kostenrechnungssystem

4.1. Vollkostenrechnungssysteme

Die Istkostenrechnung.

In der Istkostenrechnung werden die in der Kostenartenrechnung erfaßten Kosten über die Kostenstellenrechnung vollständig und lückenlos auf die erzeugten und abgesetzten Leistungen überwälzt. Die Aufgabenstellung ist **vergangenheitsbezogen** mit dem vorrangigen Ziel, die auf die Erzeugniseinheit entfallenden Istkosten zu ermitteln — Nachkalkulation. Erfaßt werden die in der Vergangenheit effektiv angefallenen Faktormengen multipliziert mit

Faktorpreisen[19]). Alle Zufallsschwankungen bei Preisen, Mengen (und Beschäftigungsgrad) wirken sich voll auf die Kosten aus.

Eine **reine** Istkostenrechnung gibt es jedoch in der Praxis nicht, da bestimmte Kostenarten, wie Steuern, Beiträge, Versicherungskosten, Urlaubslöhne periodisiert und von den tatsächlichen späteren Istkosten abweichen können, oder andere Kostenarten wie Zinsen und Abschreibungen kalkulatorisch abgegrenzt werden.

Eine kritische Betrachtung der Istkostenrechnung führt zu folgendem Ergebnis:

1. Durch das Prinzip der Istkostenrechnung, alle Kosten vollständig zu überwälzen, wird das Verfahren der innerbetrieblichen Leistungsverrechnung mit Istkosten rechnerisch schwerfällig und kompliziert.

2. Eine konsequente Istkostenrechnung erfordert, daß für sämtliche Kostenstellen in jeder Periode neue Verrechnungssätze bzw. Kalkulationssätze gebildet werden müssen.

3. Eine wirksame Kostenkontrolle ist auf Grund des Fehlens von Vergleichsmaßstäben (vorgegebene Sollgrößen) mit denen die angefallenen Istkosten gemessen werden können, nicht möglich. Ein Vergleich der Istkosten zweier Abrechnungsperioden ist sehr problematisch, da die Veränderung der Istkosten unter Zurückführung auf die Ursachen in einer Istkostenrechnung auf Vollkostenbasis nicht möglich ist.

4. Dispositive Entscheidungen auf Grund von Vergangenheitswerten sind nicht möglich.

5. Nur der Zweck der Nachkalkulation, festzustellen, was die Leistungseinheit tatsächlich gekostet hat, wird von der Istkostenrechnung erfüllt.

Die Normalkostenrechnung

Auf Grund der genannten Nachteile der Istkostenrechnung ging man in der Praxis dazu über, an Stelle der von Periode zu Periode schwankenden Istkosten, **normalerweise** anfallende Kosten = **Normalkosten** zu verwenden.

Unter Normalkosten versteht man Durchschnittswerte aus Istkosten der Vergangenheit (statistische Mittelwerte), die man später um zukünftige, erwartete Änderungen von Kosteneinflußgrößen berichtigte (zu aktualisierten Mittelwerten).

Insbesondere die schwierige Verrechnung innerbetrieblicher Leitsungen zu Istkostensätzen führte dazu, feste Verrechnungssätze für die innerbetriebliche Leistungsverrechnung einzuführen, um die Abrechnung zu vereinfachen und die Grundlagen für die Kostenstellenkontrolle zu ermöglichen. Die auf den Kostenstellen sich zwischen Normalkosten und Istkosten ergebenden Differenzen (Über- oder Unterdeckung) werden auf das Betriebsergebniskonto übernommen.

---

[19]) Siehe S. 11.

Die Schwierigkeiten der laufenden Nachkalkulation mit Istkalkulationssätzen wurden durch Normalisierung der Kalkulationssätze der Hauptkostenstellen behoben, indem man hierfür ebenfalls Mittelwerte aus Kalkulationssätzen vergangener Perioden verwandte.

Der Ansatz fester Verrechnungspreise für Istverbrauchsmengen für Material, anstatt der laufend sich ändernden Istpreise, ist ebenfalls häufiger Bestandteil einer Normalkostenrechnung.

In der Durchführung der Normalkostenrechnung unterscheidet man zwei Formen:

a) **starre** Normalkostenrechnung, die bei Einzelkosten Normalmengen (Zeiten) und Normalpreise ansetzt und die Gemeinkosten mit Normalkostensätzen verrechnet. Der Vorteil dieser Methode liegt in der **Vereinfachung des technischen Arbeitsablaufes** und der gleichmäßigen Kostenbelastung der Erzeugnisse. Nachteilig ist die mangelnde Möglichkeit einer echten Kostenkontrolle.

b) Die Berücksichtigung von Beschäftigungsschwankungen (vgl. w. u. die übrigen Kosteneinflußgrößen), die auf die Istkosten einen besonderen Einfluß ausüben, führte zur **flexiblen** Normalkostenrechnung. Bei dieser Form der Normalkostenrechnung werden die Normalkosten an Beschäftigungsschwankungen angepaßt und die sich ergebenden Abweichungen zwischen Istkosten und Normalkosten analysiert in: **Beschäftigungsabweichungen** und **sonstige Abweichungen** bei den Gemeinkosten und in **Preis-** und **Verbrauchsabweichungen** bei den Einzelkosten.

Voraussetzung der flexiblen Normalkostenrechnung für die Ermittlung der Gemeinkosten bei unterschiedlichem Beschäftigungsgrad ist die Aufspaltung der Gemeinkosten in ihre fixen und variablen Bestandteile, da sich ja ex definitione nur die variablen Kosten in Abhängigkeit von der Beschäftigung ändern. (Vgl. hierzu Kap. 11)

Die Plankostenrechnung

Trotz zunehmender Verfeinerung der Normalkostenrechnung blieb ihr wesentlicher Mangel — einer wirksamen Kostenkontrolle — evident, da echte Maßgrößen in Form von Plan- oder Sollkosten, die auf analytischem Wege gewonnen werden müssen, fehlten. Vorgegebene Normalmengen -preise, ermittelt aus statistischen Werten der Vergangenheit, können Unwirtschaftlichkeiten enthalten, die keine wirklich aussagefähigen Vergleiche von Normalkosten und Istkosten zum Zwecke der Kostenkontrolle ermöglichen.

Durch analytisch vorgenommene Zeit- und Mengenverbrauchsstudien und gleichzeitigen Ansatz von Planpreisen sollen Kostenschwankungen, die durch

- veränderliche Preise der Produktionsfaktoren,
- Schwankungen im Mengenverbrauch der Produktionsfaktoren
- und Schwankungen im Beschäftigungsgrad

entstehen, ausgeschaltet werden.

Plankosten[20] sind nach Nowak[21]): „der im voraus methodisch bestimmte, bei ordnungsmäßigem Betriebsablauf als erreichbar betrachtete wertmäßige leistungsverbundene Güterverzehr, der dadurch Norm und Vorgabecharakter besitz".

Bei der Plankostenrechnung, die im wesentlichen eine Kostenstellenrechnung ist, werden Plankosten den vergleichbaren Istkosten gegenübergestellt und die sich ergebenden Kostenabweichungen kontrolliert und analysiert.

Man unterscheidet heute zwei Formen der Plankostenrechnung:

a) **starre** Plankostenrechnung, die dadurch gekennzeichnet ist, daß die Plankosten der Kostenstellen für eine bestimmte erwartete Planbeschäftigung (Planausbringung) festgelegt werden. Eine Anpassung an Beschäftigungsschwankungen wird nicht vorgenommen. Da hier — wie bei der starren Normalkostenrechnung — eine wesentliche Kosteneinflußgröße — die Beschäftigung außer acht gelassen wird — ist sie in der Praxis ungebräuchlich.

b) Flexible Plankostenrechnung

Die starre Plankostenrechnung wird zur flexiblen Plankostenrechnung, indem die Plankosten an die Beschäftigungsschwankung angepaßt werden können. Die Umrechnung der vorgegebenen Plankosten auf die tatsächliche Istbeschäftigung (hier Sollkosten) ermöglicht eine wirksame Kostenkontrolle durch den sog. Soll — Ist Vergleich, differenziert nach Kostenarten und Kostenstellen. Die Bestimmung der Sollkosten macht allerdings eine Kostenspaltung der Gemeinkosten in ihre fixen und variablen Bestandteile notwendig, da nur so eine Umrechnung der Sollkosten auf die Istbeschäftigung möglich ist.

$$\text{Sollkosten} = \text{fixe Plankosten} + \text{proportionale Plankosten} \cdot \frac{\text{Istbeschäftigung}}{\text{Planbeschäftigung}}$$

Die zwei Formen der flexiblen Plankostenrechnung sind:

- flexible Plankostenrechnung auf Vollkostenbasis und

- Grenzplankostenrechnung.

Sie unterscheiden sich vor allem dadurch, daß bei der Grenzplankostenrechnung über die Kostenkontrolle hinaus auch die innerbetriebliche Leistungsverrechnung und die Kalkulation mit proportionalen Kosten durchgeführt werden.

Zusammenfassend kann man feststellen, daß die Plankostenrechnung folgende Aufgaben der Kostenrechnung zu lösen sucht:

① Sie ermittelt die zu Planpreisen bewerteten Plankosten bei Planbeschäftigung

a) für Kostenstellen

b) für Kostenträger

---

[20]) Synonyme Begriffe : Sollkosten, Budgetkosten.
[21]) Nowak, P., Kostenrechnungssysteme in der Industrie, 2. Aufl., Köln - Opladen 1961, S. 81, zitiert nach: Wöhe, G., a. a. O., S. 695.

② Sie ermittelt im Soll-Ist-Vergleich Abweichungen und spaltet sie auf in:

a) Preisabweichungen

b) Beschäftigungsabweichungen

c) Verbrauchsabweichungen

③ Sie ermöglicht eine wirksame Kostenkontrolle, indem sie Einblick in die Kostenstruktur und Kostenentwicklung einzelner Betriebsbereiche gewährt.

④ Die Grenzplankostenrechnung ermöglicht die Bestimmung von Preisuntergrenzen der Erzeugnisse und die Steuerung des Periodenerfolgs

4.2. Vollkostenrechnung — Teilkostenrechnung

Alle Kostenrechnungssysteme, die die „vollen" Kosten auf die Kostenträger verrechnen sind Vollkostensysteme. Das geschieht bei den Einzelkosten durch direkte Verrechnung auf die Kostenträger und bei den Gemeinkosten über die Kostenstellen indirekt.

Nach dem Verursachungsprinzip ist diese Verrechnung aber nur richtig, wenn sich alle Kostenteile einheitlich verhalten, insbesondere bei Beschäftigungsänderungen. Das trifft aber bei den fixen Kosten innerhalb einer gegebenen Kapazität nicht zu. Sie schwanken je Leistungseinheit bei sich ändernder Beschäftigung und führen häufig zu falschen dispositiven Entscheidungen.

Teilkostenrechnungssysteme befassen sich deshalb hauptsächlich mit dem Fixkostenproblem und den daraus resultierenden Zuordnungsfragen.

Die Gemeinkosten werden deshalb in ihre fixen und variablen (proportionalen) Bestandteile aufgelöst und nur die für das zu lösende Problem relevanten Kosten werden bei der Entscheidungsfindung berücksichtigt und führen zu allein richtigen Ergebnissen. Das besagt jedoch nicht, daß die Fixkosten gänzlich außer Betracht bleiben. Sie werden in der Regel en bloc in das Betriebsergebnis übernommen[22]), da sie ja verursachungsgerecht auf die Kostenträger nicht verrechnet werden können.

Die bis hierher eröterten Kostenrechnungssysteme sind nicht isoliert anwendbar. Es geht nicht um das Problem, ob Ist **oder** Plankosten, ob eine Voll- **oder** Teilkostenrechnung richtiger ist. Auch die Grenzkostenrechnung kann auf die Vollkosten nicht verzichten, die sie allerdings in ihre proportionalen und fixen Bestandteile aufspaltet. Es geht darum, das geeignete Verfahren für die zu lösende Aufgabe der Kostenrechnung anzuwenden, da es kein Bestverfahren gibt, sondern nur geeignete Verfahren in bezug auf bestimmte Aufgaben.

---

[22]) Bei der Fixkostendeckungsrechnung — mehrstufig weiterverrechnet. Vgl. hierzu Riebel, P., Kurzfristige unternehmerische Entscheidungen im Erzeugnisbereich auf Grundlage des Rechnens mit relativen Einzelkosten und Deckungsbeiträgen, in: Neue Betriebswirtschaft. Nr. 14, 1961, S. 145 ff.

5. Begriff und Wesen der Kosten

5.1. Ausgaben — Aufwand — Kosten

Zur systematischen Abgrenzung sollen nachfolgend die wichtigsten Grundbegriffe des betrieblichen Rechnungswesens geklärt werden.

a) Aufwand

= **bewerteter** Verzehr von Gütern und Dienstleistungen in einer Periode, unabhängig von der Zweckbestimmung.

Damit ist der gesamte Aufwand einer Periode gemeint, gleichgültig ob er verursachungsgemäß dieser oder einer anderen Periode zugehört, ob er der betrieblichen Leistungserstellung dient oder nicht. Der Aufwandsbegriff bezieht sich auf die gesamte Unternehmung. In der Regel ist der Aufwand mit einer Ausgabe verbunden.

b) Kosten

= **bewerteter** Verbrauch von Produktionsfaktoren, der für die Erstellung und Verwertung der **betrieblichen** Leistungen und die Aufrechterhaltung der hierfür erforderlichen Kapazitäten angefallen ist.

Der Kostenbetriff ist **periodenbezogen.**

Der Gutsverbrauch (materielle und immaterielle Güter) entsteht mit der **zweckbestimmten** Betriebstätigkeit.

Der Verbrauch wird **bewertet.**

c) Ausgaben

= sind von der Unternehmung geleistete bare oder unbare Zahlungen. Für die Kostenrechnung sind Zahlungsvorgänge nur von geringem Interesse. Häufig fallen Ausgabe und Aufwand zeitlich oder sachlich auseinander:

Sachlich: Aufwand nicht Ausgabe: Verzehr unentgeltlich erworbener Kapitalgüter.

Ausgabe nicht Aufwand: Privatentnahmen des Unternehmers.

Zeitlich: Aufwand nicht Ausgabe: Verarbeitete Rohstoffe, die erst in der nächsten Periode zu bezahlen sind.

Ausgabe nicht Aufwand: Kauf von Rohstoffen in bar, die in späteren Perioden zu Aufwand werden[23].

Aufwand und Kosten fallen zum großen Teil zusammen, dann bezeichnet man sie als Zweckaufwand bzw. als Grundkosten, aber sie decken sich nicht immer.

---

[23]) Hierher gehören auch die transitorischen Aktiva (z. B. Lohnvorauszahlung über Bilanzstichtag hinaus) und die antizipativen Passiva (z. B. nachträgliche Mietzahlungen).

Danach gibt es Aufwand, der nicht gleichzeitig Kosten darstellt: **Neutraler Aufwand** und Kosten, die nicht gleichzeitig Aufwand sind: **Kalkulatorische Kosten.**

Neutraler Aufwand: = Aufwandsarten, die auf betriebsfremde, außerordentliche oder periodenfremde Ursachen zurückzuführen sind und damit nicht der Kostendefinition entsprechen. Diese Aufwandspositionen grenzt man zum Zwecke einer richtigen Kostenerfassung vom Gesamtaufwand als sogenannten neutralen Aufwand ab.

① Periodenfremder Aufwand, verursacht durch die Betriebsleistung einer anderen Periode, z. B. Gewerbesteuernachzahlung.

② Betriebsfremder Aufwand: steht in keinem ursächlichen Zusammenhang mit der Betriebsleistung, z. B. Spenden aller Art, Gärtner für die Vorstandsvilla.

③ Außerordentlicher Aufwand: Er ist betriebsbedingt, aber in Höhe oder Art außerordentlich, z. B. Verlust eines LKW durch einen Unfall, oder außerordentliche Wagnisverluste durch Brand.

Alle diese Posten des neutralen Aufwandes werden in Klasse 2 des Konten rahmens gebucht, von wo sie unmittelbar auf die Abschlußkonten der Klasse 9 übernommen werden.

Kalkulatorische Kosten[24]):

Kosten, denen bei der Kostenerfassung kein Aufwand oder Aufwand in anderer Höhe gegenübersteht, werden als kalkulatorische Kosten definiert.

Im ersten Fall handelt es sich um **Zusatzkosten** (z. B. kalkulatorischer Unternehmerlohn, der in die Selbstkosten für die unentgeltliche Mitarbeit des Unternehmers im eigenen Betrieb verrechnet wird).

Im zweiten Fall um Anderskosten (Kosiol) z. B. kalkulatorische Zinsen auf das betriebsnotwendige Kapital.

Die Beziehungen zwischen Ausgaben — Aufwand — Kosten werden in nachfolgender Abbildung dargestellt.

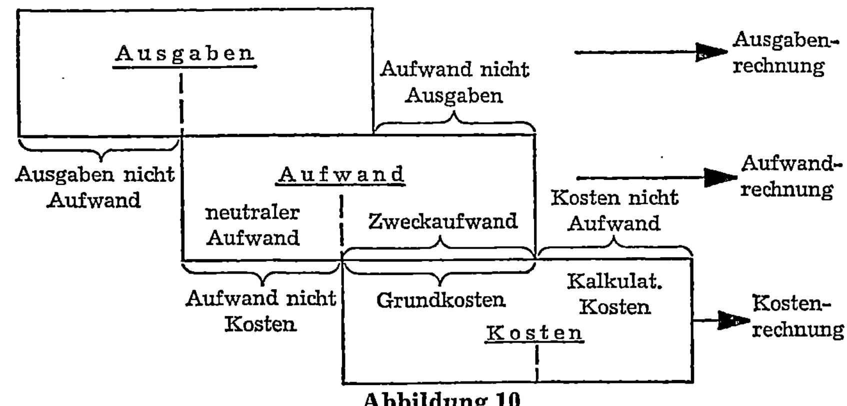

Abbildung 10

[24]) Näheres zu den kalkulatorischen Kostenarten in Kap. 6.

Geschäftsvorfall	Betrag DM	Ausgabe	Aufwand	Kosten
1. Darlehnsgewährung an Aufsichtsratsmitglied	10 000	10 000	—	—
2. Privatentnahme des Unternehmers	3 000	3 000	—	—
3. Spende an das Rote Kreuz	1 000	1 000	1 000	—
4. Totalverlust eines Lkw durch Unfall	R 25 000	—	25 000	—
5. Steuernachzahlung für frühere Perioden	8 000	8 000	8 000	—
			neutraler Aufwand	
6. Lohnzahlungen	12 000	12 000	12 000	12 000
7. Rohstoffkauf und Verbrauch in der gleichen Periode	20 000	20 000	20 000	20 000
8. Entnahme von Material für die Produktion	8 000	—	8 000	8 000
			Zweckaufwand = Grundkosten	
9. Kalkulatorischer Unternehmerlohn	5 000	—	—	5 000
10. Kalkulatorische Zinsen	6 000	—		6 000
				Kalkulat. Kosten

R = Restbuchwert   **Tabelle 4**

5.2. Einnahmen — Ertrag — Leistung

Unter **Einnahmen** werden alle an die Unternehmungen geleisteten baren und unbaren Zahlungen verstanden. Die Einnahmen fließen der Unternehmung im wesentlichen aus drei Quellen zu:

> Von den A b s a t z m ä r k t e n (für die Absatzleistungen),
> vom S t a a t (in Form von Steuerrückzahlungen, Subventionen etc.),
> von den G e l d - u n d K a p i t a l m ä r k t e n (Eigen- und Fremdkapitaleinzahlungen, Zinserträge).

Unter **Ertrag** versteht man den Wertzugang aller in einer Periode erbrachten Leistungen.

Je nachdem ob der Ertrag aus der eigentlichen Betriebstätigkeit oder aus Tätigkeiten, die außerhalb des eigentlichen Betriebszweckes liegen, stammt, wird er als **Betriebsertrag** bzw. **neutraler Ertrag** bezeichnet.

Der Betriebsertrag (= Betriebsleistung) ist das wertmäßige Ergebnis des normalen Produktions- und Absatzprozesses. Dabei spielt es keine Rolle, ob die erzeugten Leistungen verkauft, vorläufig auf Lager genommen oder dem Eigenverbrauch zugeführt werden.

Betriebserträge können demnach stammen aus:

a) U m s a t z e r t r ä g e n = Erlöse: an Kunden verkaufte Betriebsleistungen.

b) L a g e r e r t r ä g e : Auf Lager genommene Leistungen, die erst in späteren Perioden veräußert werden.

c) I n n e r b e t r i e b l i c h e E r t r ä g e : die Leistungen, der zur Herstellungskosten bewerteten selbsterstellten Anlagen, Maschinen usw., die im eigenen Betrieb verbraucht werden.

Wie Ausgaben und Aufwand können auch Einnahmen und Ertrag sachlich und zeitlich auseinanderfallen. **Sachlich:** Einnahme nicht Ertrag: Zurückerstattet erhaltene Auslagen, Darlehnsrückzahlung.

Ertrag nicht Einnahme: Selbsterstelle Anlagen.

Zeitlich: Einnahme nicht Ertrag: Kundenanzahlungen.

Ertrag nicht Einnahme: Selbsterstellte Anlagen.

Neutrale Erträge sind Erträge aus Tätigkeiten und Vorgängen, die außerhalb des eigentlichen Betriebszwecks liegen und damit nicht der Definition des Betriebsertrages entsprechen. Diese Ertragspositionen werden zum Zweck der richtigen Erfassung des Betriebsertrages vom Gesamtertrag als neutraler Ertrag abgegrenzt.

① P e r i o d e n f r e m d e r E r t r a g : bezieht sich zwar auf die Betriebsleistung, fällt aber erst phasenverschoben in einer späteren Periode an: z. B. Gewerbesteuerrückzahlung.

② B e t r i e b s f r e m d e r E r t r a g : steht in keiner Beziehung zur Betriebsleistung wie z. B. Erträge aus Wertpapierspekulationen, Währungsgewinne.

③ A u ß e r o r d e n t l i c h e E r t r ä g e : sind in Höhe oder Art so außergewöhnlich, daß sie nicht als Betriebsertrag verrechnet werden. Beispiel. Verkauf von Anlagegütern über Buchwert, Erträge aus Vermietung und Verpachtung nicht betriebsnotwendiger Grundstücke und Gebäude.

Leistung[25]) ist das wertmäßige Ergebnis der zur Erreichung des eigentlichen Betriebszwecks durchgeführten Kombination von Produktionsfaktoren. Damit korrespondiert der Leistungsbegriff mit dem Kostenbegriff.

---

[25]) Zur Leistung als Funktionsbegriff. Vgl. hierzu: Fäßler und andere, a. a. O., S. 265, Sp. 2; Mellerowicz, K., Allgemeine Betriebswirtschaftslehre, Berlin 1968, Sammlung Göschen, Bd. 4, S. 32 ff.

Erlös (= Umsatzerträge) ist der geldliche Gegenwert für die **verkauften** Leistungen (Fertigfabrikate und Waren).

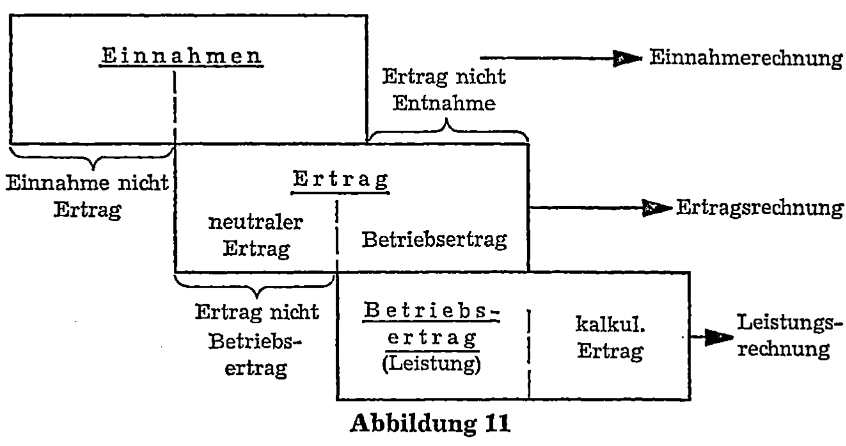

Abbildung 11

Geschäftsvorfall	Betrag DM	Einnahme	Ertrag	Betriebsertrag, Leistung
1. Belegschaftsmitglied zahlt Baudarlehn zurück	10 000	10 000	—	—
2. Einzahlung der Aktionäre für junge Aktien	100 000	100 000	—	—
3. Erträge aus Wertpapierspekulationen	5 000	5 000	5 000	—
4. Anlagenverkauf über Buchwert	B 10 000	10 000	2 000	—
			neutraler Ertrag	
5. Verkauf von Fertigerzeugnissen in der gleichen Periode erstellt	8 000	8 000	8 000	8 000
6. Fertigerzeugnisse gehen auf Lager	H 10 000	—	10 000	10 000
7. Maschine für Eigenbedarf wird erstellt	H 15 000	—	15 000	15 000
			Betriebsertrag Leistung	
8. Unternehmerlohn	5 000	—	—	5 000
				Kalkulat. Ertrag

Tabelle 5

B = Buchwert

H = bewertet zu Herstellkosten

Umsatzerträge und Betriebserträge stimmen aus folgenden Gründen nicht miteinander überein:

a) nicht alle Betriebserträge einer Abrechnungsperiode gelangen in der gleichen Periode auf den Markt. Der Umsatz kann größer oder kleiner sein als die Produktion der Periode (Lageran- oder Lagerabbau).

b) Die zu Herstellkosten bewerteten innerbetrieblichen Leistungen (z. B. selbst erstellte Maschinen und Anlagen) verbleiben im Betrieb zur Eigennutzung und gehen über die periodengerechten Abschreibungen später wieder in die Betriebsleistungen ein.

Erfolg — Ergebnis

Zur Ermittlung des Umsatzertrages einer Periode muß also der Betriebsertrag um die Veränderung der Bestände an Halb- und Fertigfabrikaten korrigiert werden.

> Betriebsertrag = Erlös ± Bestandsveränderung.
>
> Betriebsergebnis = Betriebsertrag — Betriebsaufwand (Kosten)
>
> Neutrales Ergebnis = Neutraler Ertrag — neutraler Aufwand.

Das Gesamtergebnis der Unternehmung setzt sich also zusammen aus:

> Betriebsergebnis + neutralem Ergebnis = Gesamterfolg (Gewinn oder Verlust)

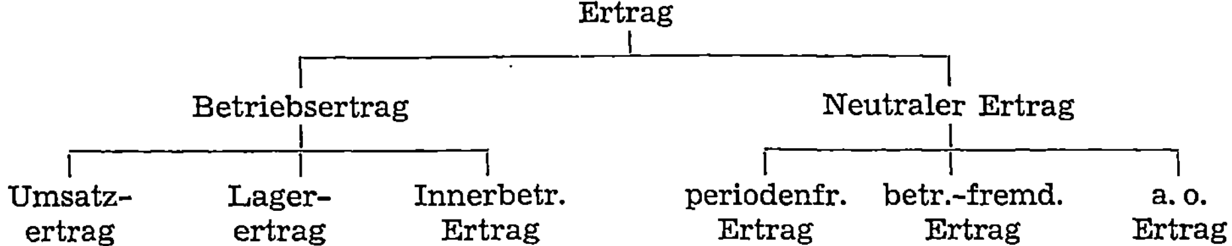

Um die Quellen des Unternehmenserfolgs aufzudecken, ist es erforderlich, den Betriebserfolg vom neutralen Erfolg zu trennen. Ohne Erfolgsaufspaltung könnte der Eindruck entstehen, ein Betrieb arbeite erfolgreich, wenn Verluste im eigentlichen Betriebsbereich durch Gewinne im neutralen Bereich überkompensiert werden.

6. Die Betriebsabrechnung

6.1. Die Kostenartenrechnung

Die Kostenartenrechnung, die den ersten Teil der Betriebsabrechnung darstellt, hat die **Aufgabe,** den mengen- und wertmäßigen Verbrauch von Kostengütern nach Art und Verbrauch zu erfassen. Dabei sind die nach verkehrsüblichen Gesichtspunkten gegliederten Kostenarten (Löhne, Material, Abschreibungen usw.) exakt abzugrenzen, um mittels einer einheitlichen Kontierung eine klare und eindeutige Zurechnung auf Kostenstellen (Gemeinkosten) und Kostenträger (Einzelkosten) zu ermöglichen.

Hierzu bedarf es eines Kostenartenplanes und Kontierungsvorschriften. Die Zahl der Kostenarten ist von Art und Größe des Betriebes, von den Erfordernissen einer eingehenden Kostenkontrolle und einer genauen Kostenträgerrechnung abhängig. Der Betrieb soll in der Kostenartengliederung so weit gehen, wie eine wirtschaftliche Rechnung es erlaubt.

Die Material-, Lohn- und Betriebsmittelabrechnung sind Nebenrechnungen, die sowohl Zwecken der Finanzbuchhaltung wie auch der Kostenrechnung dienen. Sie sind häufig der Betriebsabrechnung organisatorisch zugeordnet und stellen als Kostenarten in Industriebetrieben oft den Hauptteil der Gesamtkosten dar. Industrielle Betriebe haben heute meistens Kostenartenpläne, die verbandseinheitlich sind oder dem Einheitskontenrahmen der Industrie entsprechen[26]). Das Gliederungskriterium dieses Kontenrahmens (siehe Anlage) entspricht der Art der **verbrauchten Produktionsfaktoren** und es entstehen Kontengruppen wie:

> Materialkosten,
> Personalkosten,
> Kalkulatorische Kosten,
> Dienstleistungskosten,
> Öffentliche Abschreibungen usw.

Ein Kostenartenplan der Kostenartengruppe 46 (Steuern, Abgaben, Beiträge) könnte folgendes Aussehen haben:

> 46 Steuern, Abgaben, Beiträge, Versicherungsprämien und dergleichen.
>> 460   Vermögenssteuer
>> 461   Gewerbesteuer
>> 462   Umsatzsteuer
>> 463   andere Steuern
>> 4631 Grundsteuer
>> 4632 Kfz.-Steuer
>> 464   Abgaben — Gebühren und dergleichen
>>> 464 Allgemeine Abgaben und Gebühren
>>> 465 Gebühren für den gewerblichen Rechtsschutz
>>> 466 Gebühren für den allgemeinen Rechtsschutz
>>> 467 Prüfungsgebühren
>>> 468 Beiträge und Spenden
>>> 469 Versicherungsprämien

Kostenarten gegliedert **nach den betrieblichen Funktionsbereichen:**
> Beschaffung
> Fertigung
> Verwaltung
> Vertrieb

---

[26]) Der vom Bundesverband der Deutschen Industrie 1971 veröffentlichte neue Industriekontenrahmen wird im folgenden nicht zugrunde gelegt, da er bisher in der Praxis kaum Anwendung gefunden hat. Vgl. Anlage I Gemeinschaftskontenrahmen (am Ende des Buches).

stellen bei differenzierter Gliederung eine Vorwegnahme der Kostenstelleneinteilung dar.

Gegliedert **nach Art der Verrechnung** auf die Leistungseinheit unterscheidet man:

Einzelkosten, die direkt und unmittelbar einer bestimmten Leistung zugerechnet werden können. Sie können genau erfaßt werden, z. B. Einzellohnkosten und Materialeinzelkosten.

Ebenso entsprechen dem Verursachungsprinzip die **Sondereinzelkosten,** die in Form von Werkzeugsonderkosten, Lizenzgebühren, Modellkosten usw. in der **Fertigung** für einzelne Aufträge gesondert anfallen und Sondereinzelkosten **des Vertriebs,** wie besondere Verpackungskosten, Frachtkosten oder Provisionen.

Gemeinkosten: sind solche Kosten, die sich nicht direkt, sondern **indirekt** auf die Leistung zurechnen lassen, da sie von einer Mehrheit von Leistungen verursacht werden, z. B. Abschreibungen auf Betriebsgebäude, Stromkosten, Wasserkosten, Gehälter usw. Sie werden deshalb über die Kostenstellen den Leistungseinheiten (Kostenträgern) mittelbar durch Schlüsselgrößen zugerechnet.

In den Gemeinkosten sind Kosten enthalten, die man zwar direkt zurechnen könnte (also Einzelkosten) aber nicht zurechnet, da der Aufwand zu ihrer Erfassung häufig größer ist als es die Verbesserung der Kosteninformation wert wäre. Man bezeichnet sie als **unechte** Gemeinkosten. Hierzu zählen häufig Hilfs- und Betriebsstoffe wie Öl, Fett, Leim, Nägel usw.

Nach dem **Verhalten der Kosten bei Beschäftigungsänderungen**[27]) (Änderung der Kapazitätsausnützung) in der Zeitperiode und auf die Einheit bezogen unterscheidet man:

fixe und variable Kosten.

Fixe (feste, konstante) Kosten sind dadurch gekennzeichnet, daß sie bei gegebener Kapazität unabhängig von der Beschäftigung sind. Fixe Kosten sind Periodenkosten und sind unabhängig von der Menge der produzierten Leistungen, z. B. Miete, Kfz-Steuer usw.

Bei Änderung der Kapazität des Betriebes — z. B. Kauf zusätzlicher Betriebshallen, Lkw, Maschinen usw. — steigen die fixen Kosten sprunghaft an, verlaufen dann wieder auf höherem Niveau fix bis zur nächsten Kapazitätsänderung. Solche Art fixe Kosten werden als **sprungfixe** (intervallfixe) Kosten bezeichnet. Bei Zurechnung der fixen Kosten auf die Produkteinheit, wie es traditionelle

---

[27]) Die Beschäftigung — ausgedrückt in Arbeits- oder Maschinenstunden, Erzeugnismengen, Umsatz usw. — wird gemessen an der unter normalen Bedingungen möglichen Beschäftigung, ausgedrückt im Beschäftigungsgrad:

$$= \frac{\text{tatsächliche Beschäftigung (Ist)}}{\text{Normalbeschäftigung (Soll)}} \times 100.$$

Vollkostensysteme „unlogischerweise" durch künstliche Proportionalisierung tun, haben die Fixkosten einen degressiven Verlauf.

Variable Kosten sind Kosten, die sich mit schwankender Beschäftigung ändern und zwar:

proportional, wenn sie sich im gleichen Verhältnis ändern wie der Beschäftigungsgrad: alle Einzelkosten.

Auf die Leistungseinheit bezogen sind sie konstant.

unterproportional (degressiv) steigen langsamer als der Beschäftigungsgrad, z. B. Kosten für Schmiermittel, sinkende Frachtkosten bei Bezug und Absatz größerer Mengen.

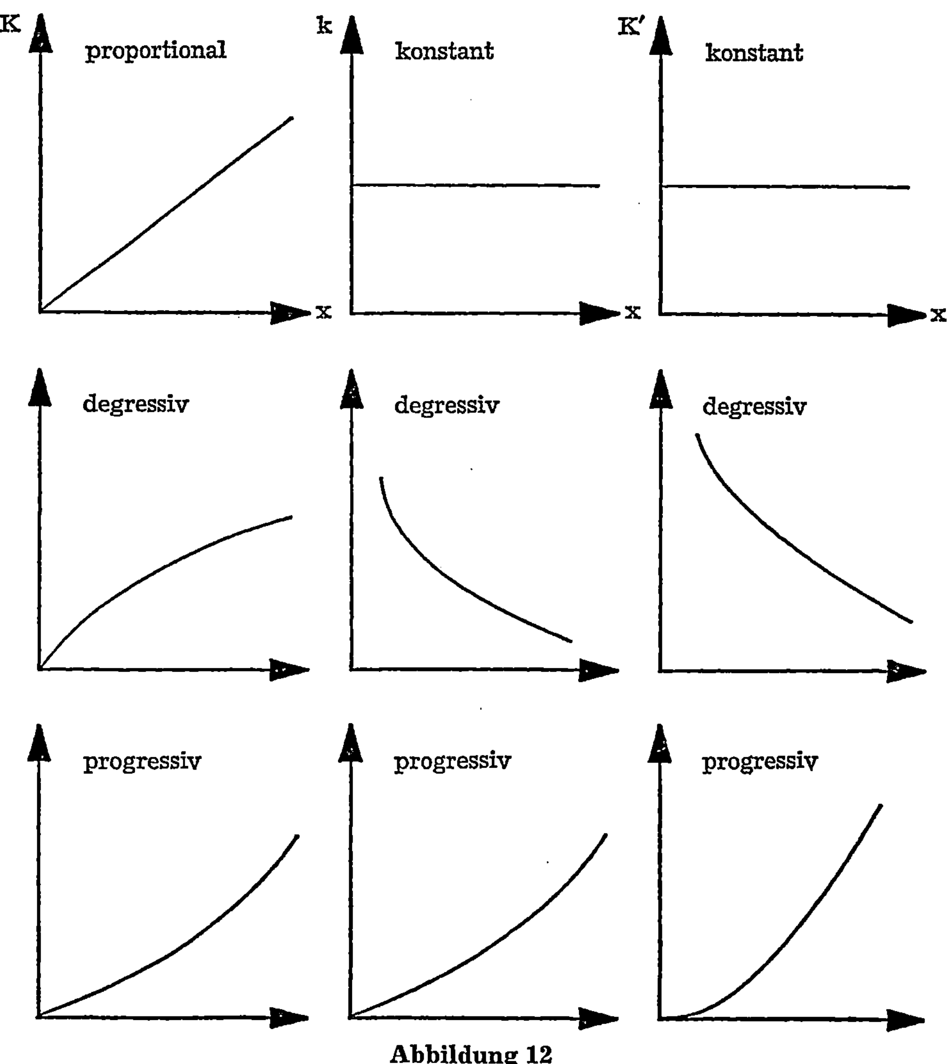

Abbildung 12

Auf die Leistungseinheit bezogen verlaufen sie schwach degressiv.

überproportional (progressive). Die Kosten steigen stärker an, als es der Beschäftigungszunahme entspricht, z. B. Überstundenlöhne, Kosten für Energiestoffe bei Überbeanspruchung von Aggregaten.

Auf die Leistungseinheit bezogen sind sie ebenfalls progressiv.

Kostenverläufe in Abhängigkeit von Beschäftigungsänderungen

Nach Art der **Herkunft der Kostengüter** unterscheidet man:

primäre Kosten und

sekundäre Kosten.

Der Verbrauch von Gütern und Dienstleistungen, die dem Betrieb von **außen** zufließen, bezeichnet man als **primäre** (einfache, ursprüngliche) Kosten, z. B. Kosten für von außen bezogene Energie, Transportleistungen, Wasser usw.

Werden im Betrieb aus primären Kosten Leistungen erstellt — z. B. eigene Dampferzeugung — die im Betrieb selbst Verwendung finden, so stellt der Verbrauch dieser innerbetrieblichen Leistungen **sekundäre** Kosten dar. Sekundäre Kosten entstehen erst bei der innerbetrieblichen Leistungsverrechnung und setzen sich aus primären Kosten, die auf die Kostenstellen verteilt worden sind, zusammen.

Die Erfassung einzelner Kostenarten

6.1.1. Materialkosten

Materialkosten (Werkstoffkosten, Stoffkosten) stellen den bewerteten Verbrauch von Roh-, Hilfs- und Betriebsstoffen dar.

R o h s t o f f e   gehen als wesentlicher Bestandteil in die Erzeugnisse des Betriebes ein, z. B. Holz und Eisenrahmen bei Schulbänken.

H i l f s s t o f f e   gehen zwar auch in das Erzeugnis ein, sind aber unwesentliche Bestandteile, z. B. Leim, Lack, Schrauben der Schulbank.

B e t r i e b s s t o f f e   gehen **nicht** in das Erzeugnis ein, sind aber zur Durchführung des Produktionsprozesses notwendig, z. B. Öle, Energiestoffe, Reinigungsmittel für Maschinen usw.

Die Materialabrechnung ist für den Industriebetrieb ein besonders wichtiger Zweig, da die Materialkosten häufig den höchsten Anteil an den Gesamtkosten ausmachen.

In der Materialabrechnung (als Nebenbuchhaltung) erfolgt die mengenmäßige und wertmäßige Erfassung des Materialverbrauchs.

Die **Erfassung** des mengenmäßigen Materialverbrauchs kann nach verschiedenen Methoden erfolgen.

I. Befundrechnung (mittels körperlicher Inventur)

1. **R e c h e n t e c h n i k**

   Anfangsbestand + Zugang ∕ Endbestand = Materialverzehr, wobei der Endbestand durch körperliche Inventur, d. h. Zählen, Messen, Wiegen ermittelt wird.

2. **V o r t e i l e**

   a) Genauigkeit, d. h. auch der nicht bestimmungsgemäße Verbrauch wird erfaßt.

   b) Nur einmal je Rechnungsperiode durchzuführen.

3. **N a c h t e i l e**

   a) Keine Trennung bestimmungsgemäßer — nicht bestimmungsgemäßer Verbrauch.

   b) Nicht jedes Material kann so erfaßt werden (z. B. Kohlenhalden, Schrott)

   c) Keine Angaben, für welche Kostenstelle bzw. Kostenträger der Materialverbrauch erfolgt.

   d) Keine **laufende** Angabe über den Verzehr möglich.

   e) U. U. zeitraubend und umständlich. (insbesondere Störung des betrieblichen Ablaufs).

4. **G e s e t z l i c h   v o r g e s c h r i e b e n   e i n m a l   j ä h r l i c h !**

II. Skontration (Buchinventur, lfd. Zu- und Abschreibung, Fortschreibung)

1. **R e c h e n t e c h n i k**

   a) Bestandsbuch oder Kartei.

   b) Konto- oder Staffelform.

   c) Belege: Lieferscheine, Rechnungsduplikate, Vereinnahmungsscheine, Materialentnahmescheine.

2. **A r t e n**

   a) Mengen-, Wert-, Mengenwertskontration.

   b) Sorten-, Partieskontration. (Jede Lieferung und jeder Lieferant extra skontriert).

   c) Artskontration, gemischte Skontration (bei Kleinmaterial)

3. **V o r t e i l e**

   a) Laufende Aufschreibung.

   b) Angabe möglich, für welche Kostenstelle bzw. Kostenträger Materialverbrauch.

   c) Keine Störung des betrieblichen Ablaufs.

4. **Nachteile**
   a) Nichtbestimmungsgemäßer Verbrauch kann nicht erfaßt werden.
   b) Schreib- und Übertragungsfehler möglich.

Zu I und II: Kombination beider Methoden ergibt die sog. **Permanente Inventur.**

III. **Retrograde Rechnung** (Erfassung mittels Sollzahlen)

   1. **Rechentechnik**

      Stückverbrauch lt. Stückliste × Zahl der Fertigfabrikate = Materialsollverbrauch der Rechnungsperiode. (Beispiel Stühle. Ausgehend vom Fertigfabrikat × Materialverbrauch)

   2. **Vorteile**

      Einfachheit und Schnelligkeit.

   3. **Nachteile**
      a) Nur stückproportionaler Materialverbrauch erfaßbar.
      b) Nur bestimmungsgemäßer Materialverbrauch erfaßbar (Sollverbrauch).
      c) Halbfabrikate schlecht zu erfassen.

IV. **Abschreibung** (Erfassung mittels Sollzahlen)

   1. **Rechentechnik**

      Sollverbrauch je Zeiteinheit × Zahl der Zeiteinheiten = Material**soll**verbrauch der Rechnungsperiode.

   2. **Vorteile**

      Einfachheit und Schnelligkeit.

   3. **Nachteile**
      a) Nur zeitproportionaler Materialverbrauch erfaßbar.
      b) Nur bestimmungsgemäßer Materialverbrauch erfaßbar (Sollverbrauch).

V. **Gleichsetzung Ausgabe und Kosten**

   Findet Anwendung bei nichtmagazinierten Kleinmaterialien (Nägel).

VI. **Schätzung**

   Kommt zum Zuge, wenn alle anderen Methoden versagen.

Materialbewertung

Die wertmäßige Abrechnung des Materialverbrauchs erfolgt in der Betriebsabrechnung. Da die Anschaffungspreise für Material im Zeitablauf durch die Gegebenheiten des Beschaffungsmarktes mehr oder weniger schwanken und somit für gleiche Materialverbrauchsmengen unterschiedliche Kosten entstehen würden, die einen Zeitvergleich der Materialkosten unmöglich machen, werden in der Praxis **Verrechnungspreise** für den Wertansatz des Materialverbrauchs gebildet. Diese Verrechnungspreise sind statistische Mittelwerte aus Anschaffungspreisen der Vergangenheit, gegebenenfalls unter Berücksichtigung zukünftiger Preiserwartungen. Alle Plankostenrechnungssysteme bewerten so den Materialverbrauch, um eine mengenmäßige Kontrolle zu ermöglichen, da durch den Ansatz von Verrechnungspreisen Preisschwankungen eliminiert werden können.

Die Differenzen, die sich aus der Materialbewertung zu Anschaffungs- und Verrechnungspreisen ergeben, werden durch ein Preisdifferenzenkonto der Klasse 2 ausgeglichen.

Beispiel[28]):

Verrechnungspreis für 1 kg eines Rohstoffes 5,— DM

Zugang:

  5. 8. 100 kg zu 4,92 pro kg = 492,— DM

17. 8. 120 kg zu 5,10 pro kg = 612,— DM

Verbrauch:

10. 8.   80 kg zu 5,— pro kg = 400,— DM

Buchung:

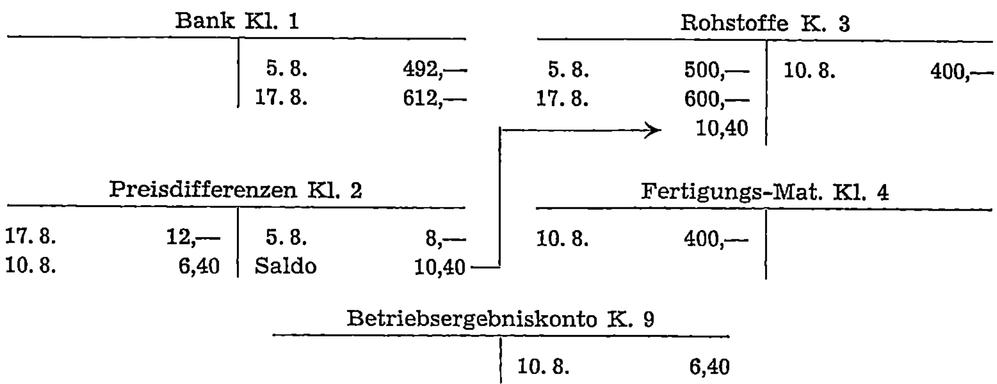

Die bei der Bewertung der Materialbestände in der Bilanz angewandten Methoden: Hifo-Lifo-Fifo-Verfahren[29]) finden in der Kostenrechnung keine Anwendung. Es sei jedoch darauf hingewiesen, daß in der Kostenrechnung neben Verrechnungswerten auch andere Wertansätze möglich sind, die in Abhängigkeit vom angestrebten Zweck der Kostenrechnung angesetzt werden, z. B. unter dem Gesichtspunkt der Erhaltung des Betriebsvermögens Wiederbeschaffungswerte, oder Tageswerte, die zum Zeitpunkt des Verkaufs gelten, wenn der Hauptzweck die Ermittlung der Selbstkosten für die Preiskalkulation sein soll.

---

[28]) Vgl. hierzu Wöhe, G., a. a. O., S. 651.
[29]) Hierzu ausführlich Wöhe, G., a. a. O., S. 547 ff.

6.1.2. Personalkosten

Die Personalkosten[30]) umfassen alle Kosten, die durch den Einsatz von Lohn-
und Gehaltsempfängern verursacht werden einschließlich der Personalneben-
kosten. Es können folgende Personalkostengruppen unterschieden werden:

> Löhne,
> Gehälter,
> Sozialkosten:
>> Gesetzliche (z. B. Kranken- und Rentenversicherung),
>> freiwillige (z. B. Pensionsrückstellungen, Kantine).
> Sonstige Personalkosten (Umzugskosten, Inseratkosten usw.).

Zur Erfassung und Aufarbeitung der Personalkosten sind bestimmte organisa-
torische und rechentechnische Voraussetzungen notwendig,

a) exakte Erfassung und Abgrenzung der Lohnkostenarten,

b) belegmäßige Erfassung aller Personalkosten.

Nach **fertigungstechnischen** Kriterien werden die Löhne in

> F e r t i g u n g s l ö h n e und

> H i l f s l ö h n e unterteilt.

Fertigungslohn ist der Lohn, der bei der Herstellung unmittelbar aufgewendet
wird. Er wird auftragsmäßig genau erfaßt und dem Kostenträger direkt zugerechnet. (In vielen Fertigungskostenstellen ist der Fertigungslohn noch
Bezugsgrundlage für die Zurechnung der Fertigungsgemeinkosten).

Hilfslöhne sind Löhne, die für Arbeitsleistungen verrechnet werden, die nur
mittelbar dem Herstellungsprozeß dienen. Sie können den einzelnen Kostenträgern nicht direkt zugerechnet werden. (Beispiel: Löhne für innerbetriebliche
Transportarbeiten, Werksdienst, Lagerarbeiten, Reinigungsarbeiten, Anlern-
und Umlernarbeiten).

Hilfslöhne werden als Gemeinkosten erfaßt und mit den übrigen Gemeinkosten
pro Kostenstelle in Form eines Zuschlags auf die Erzeugnisse verrechnet.

Außer Fertigungslöhnen, die als Einzellöhne direkt erfaßt werden (Ausnahme:
Fertigungslohn als Zeitlohn) sind alle anderen Personalkosten Gemeinkosten.
Die Erfassung der Fertigungs- und Hilfslöhne kann in folgender Weise gesche-
hen: (bei differenzierter Fertigung).

1. **Lohnzettel**
   (je Auftrag und Arbeiter unter Angabe der Kostenstelle)

2. **Bruttolohnzusammenstellung**
   (alle Lohnzettel eines Arbeiters in einer Abrechnungsperiode)

---

[30]) Der kalkulatorische Unternehmerlohn gehört nicht zu den Personalkosten; siehe
hierzu Kap. 6.1.4. Kalkulatorische Kostenarten.

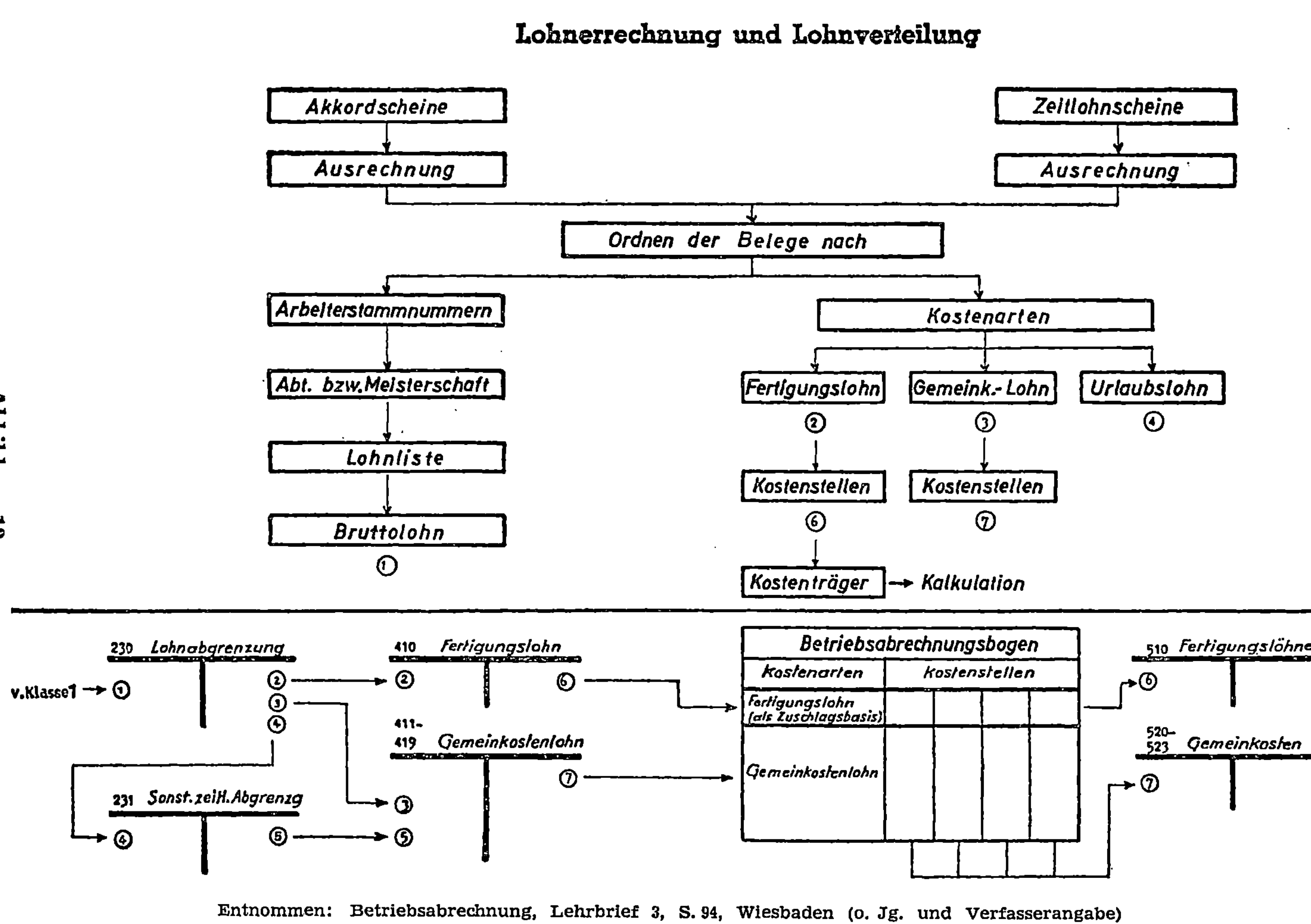

Entnommen: Betriebsabrechnung, Lehrbrief 3, S. 94, Wiesbaden (o. Jg. und Verfasserangabe)

3. Erstellung der Lohnliste
(alle Bruttolohnzettel einer Abrechnungsperiode)

Bei der Ermittlung von Brutto- und Nettolohn durch die Lohnbuchhaltung werden für Zwecke der Kostenrechnung die Lohnzettel sortiert nach Fertigungs- und Hilfslohn,

nach Kostenstellen (wo der Lohn angefallen ist),

nach Kostenträgern (wofür der Lohn angefallen ist).

Für die Betriebsabrechnung interessieren nur die Bruttolöhne, nicht Nettolöhne.

Die Gehaltserfassung bietet keine besonderen Schwierigkeiten. Gehälter sind Zeitkosten und mit wenigen Ausnahmen Gemeinkosten (Ausnahme: ein Meister wird ausschließlich für einen und meist langfristigen Auftrag eingesetzt).

Ein Problem der Personalkostenerfassung sind die stoßweise anfallenden Personalkosten wie: Urlaubslöhne, Krankheitslöhne und sonstige Sozialkosten. Um eine ungleichmäßige Belastung der Perioden mit diesen Personalkosten zu vermeiden, werden sie auf Grund von Erfahrungen geschätzt und gleichmäßig auf die Perioden verteilt. Bei Urlaubslöhnen würde z. B. der Werksferienmonat mit unverhältnismäßig hohen Urlaubslohnkosten belastet werden, wenn keine Abgrenzung erfolgen würde.

6.1.3. Betriebsmittelkosten

Die **Betriebsmittel** umfassen alle Anlagen und Einrichtungen des Betriebes, die für die Erstellung der Betriebsleistung erforderlich sind[31]).

Zu den Betriebsmitteln zählen: Gebäude, Maschinen aller Art, Lager- und Büroeinrichtungen, Vorrichtungen und Werkzeuge, Fahrzeuge, Konzessionen, Patente, Lizenzen.

Die Betriebsmittel werden in einer Betriebsmittelkartei geführt, die bestimmte Daten der Betriebsmittel wie: Standort im Betrieb, (Kostenstelle), Anschaffungswert, voraussichtliche Nutzungsdauer und die wichtigsten technischen Daten enthält. Die Betriebsmittelkartei ist die wichtigste Grundlage zur richtigen Erfassung und Verrechnung der Betriebsmittelkosten.

Insbesondere die Bewertung des Anlagevermögens für Zwecke der Bilanzierung, die Ermittlung der Abschreibungen für Bilanz und Kostenrechnung und die Ermittlung der kalkulatorischen Zinsen[32]) ist die Aufgabe der Betriebsmittelabrechnung. Die Unterlagen der Betriebsmittelabrechnung dienen darüber hinaus als Bezugsgröße für die Verteilung von bestimmten Kostenarten auf die Kostenstellen.

---

[31]) Gutenberg zählt im weitesten Sinne auch die Hilfs- und Betriebsstoffe zu den Betriebsmitteln. Vgl. Gutenberg, E., Grundlagen der Betriebswirtschaftslehre, Bd. 1, 3. Aufl., Berlin - Göttingen - Heidelberg, S. 3.

[32]) Siehe Kap. 6.1.4. Kalkulatorische Kostenarten.

Die im Betrieb vorhandenen Betriebsmittel unterliegen einem Verschleiß, der in Form von Abschreibungen berücksichtigt wird.

Unter **Abschreibungen** versteht man die Beträge, die dem Verzehr an Wirtschaftsgütern entsprechen, die der Abnutzung unterliegen. **Kostenrechnerisch** wird der Werteverzehr in Form von kalkulatorischen Abschreibungen, **buchhalterisch** (bilanziell) als Aufwand in der Gewinn- und Verlustrechnung erfaßt. Die in Bilanz und Kostenrechnung nach unterschiedlichen Gesichtspunkten bemessenen Abschreibungsbeträge führen zu Divergenzen zwischen Aufwand und Kosten.

Die Hauptgründe sind:

In der Bilanz werden die Abschreibungen von den Anschaffungskosten aller abnutzbaren Anlagegüter vorgenommen und dürfen diese insgesamt nicht überschreiten — Prinzip der nominellen Kapitalerhaltung.

In der Kostenrechnung werden kalkulatorische Abschreibungen von den Wiederbeschaffungswerten der abnutzbaren Anlagegüter vorgenommen, die der **betrieblichen** Leistungserstellung dienen.

Bei Anwendung unterschiedlicher Abschreibungs**methoden** in der Finanzbuchhaltung (z. B. degressive in der Finanzbuchhaltung, lineare in der Kostenrechnung) entstehen ebenfalls unterschiedlich hohe Abschreibungsbeträge in den Abrechnungsperioden.

Diese möglichen Differenzen werden buchhalterisch abgegrenzt, um das Betriebs- und Unternehmensergebnis richtig ausweisen zu können.

Beispiel

 bilanzielle Abschreibung 4000,— DM

 kalkulatorische Abschreibung 3000,— DM

	Kontenklassen		
	2	4	9

Bestandskonto →

S	Bilanzabschreibung	H
(6)	4000	4000 (7)

S	Betriebsergebnis	H
(2)	3000	(3) 3000

Verrechnete kalkulator.

S	Abschreibungen	H
(4) 3000	(1)	3000

S	kalk. Abschr.	H
(1) 3000	(2)	3000

S	Neutrales Ergebnis	H
(5)	3000	3000 (4)
(7)	4000	4000 (8)

S	G.u.V.	H
(3)	3000	3000 (5)
(8)	4000	

Die Verbuchung der kalkulatorischen Abschreibungen erfolgt erfolgsneutral: Buchung (1)—(5); der bilanziellen Abschreibungen erfolgswirksam (6)—(8)

Die Kostenrechnung soll den verursachungsbedingten Werteverzehr ermitteln. Nach den Ursachen des Werteverzehrs geordnet, lassen sich 3 Gruppen unterscheiden:

a) v e r b r a u c h s b e d i n g t e Abschreibungsursachen:

technischer Verschleiß	durch Nutzung	mengenmäßige Abnahme
natürlicher Verschleiß	durch Korrosion	des Nutzungspotentials.
Substanzminderung	bei Abbaugrundstücken	

b) w i r t s c h a f t l i c h bedingte Abschreibungsursachen

technischer Fortschritt	Verbesserungen, Erfindungen	
wirtschaftlicher Fortschritt	Nachfrageverschiebungen z. B. Modeeinflüsse	Wertmäßige Abnahme des Nutzungspotentials.

c) z e i t l i c h bedingte Abschreibungsursachen

Ablauf von Konzessionen, Patenten, Lizenzen, Schutzrechten	Zeitliche Abnahme des Nutzungspotentials.

Auf die kalkulatorisch zu bemessenden Abschreibungsbeträge — die den betriebswirtschaftlich sinnvollen Güterverzehr umfassen — wirken in der Regel verschiedene Abschreibungsursachen ein. Mit der Entwicklung verschiedener Abschreibungsmethoden soll unter Zugrundelegung der geschätzten Gesamtnutzungsdauer der Betriebsmittel den unterschiedlichen Abschreibungsverursachungskomponenten Rechnung getragen werden.

In nachfolgendem Schema sind die Abschreibungsmethoden dargestellt:

Abschreibungsmethoden

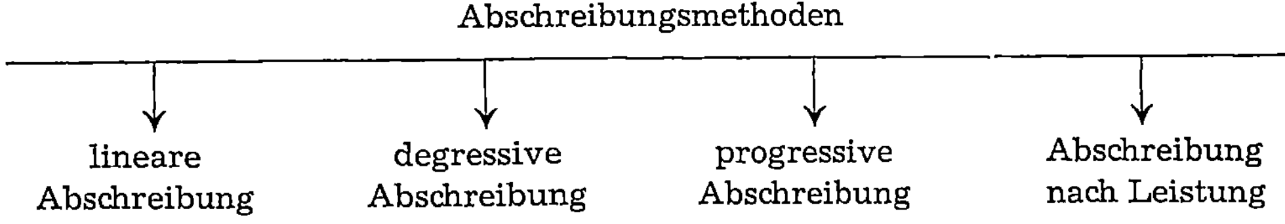

lineare Abschreibung	degressive Abschreibung	progressive Abschreibung	Abschreibung nach Leistung

Abbildung 14

Die **lineare** Abschreibungsmethode verteilt die Anschaffungskosten mit gleichbleibenden Abschreibungsbeträgen auf die Nutzungsdauer.

Der Abschreibungsbetrag (a) wird ermittelt, indem man den Anschaffungswert (AW) durch die Nutzungszeit (t) dividiert.

$$a = \frac{AW}{t}$$

Wird für den Zeitpunkt der vollen Abschreibung des Betriebsmittels ein Restwert (Rn) erwartet, der durch Verkauf realisiert werden kann, muß dies bei Festlegung des Abschreibungsgrundwerts berücksichtigt werden. Für die lineare Abschreibung lautet dann die Formel[33]):

$$a = \frac{AW - Rn}{t}$$

Die **geometrisch-degressive** Abschreibung schreibt mit einem konstanten jährlichen Prozentsatz vom jeweiligen R e s t b u c h w e r t ab. Die Abschreibungsbeträge bilden eine fallende geometrische Reihe. Bei einem geplanten Restbuchwert (Rn) wird der Abschreibungsprozentsatz nach der Formel:

$$R = 100 \left(1 - \sqrt[n]{\frac{Rn}{AW}} \right) \text{ bestimmt.}$$

Der jährliche Abschreibungsbetrag ergibt sich aus der Multiplikation der jeweiligen Restbuchwerte mit dem konstanten Abschreibungsprozentsatz.

Die **arithmetisch degressive** (digitale) Abschreibung verteilt die Gesamtabschreibung um einen jährlich gleichbleibenden großen fallenden Abschreibungsbetrag (Degressionsbetrag) auf die Gesamtnutzungsdauer. Die Abschreibungsbeträge bilden eine fallende arithmetische Reihe. Der Abschreibungsbetrag a des jeweiligen Jahres errechnet sich nach der Formel:

$$a_{1-n} = \left(\text{Zahl der Rechnungsjahre } t_n \right) \times \left(\begin{array}{c} \text{Degressionsbetrag} \\ D \end{array} \right)$$

$$\text{Degressionsbetrag} = \frac{AW \div Rn}{\sum \text{der Jahre der Nutzungsdauer (n)}} \quad .$$

Die **progressive** Abschreibung hat von Jahr zu Jahr zunehmende Abschreibungsquoten. Wie bei der degressiven Abschreibung — zu der sie das Gegenstück darstellt — kennt man 2 Abschreibungsformen:

die **geometrisch progressive** und die **arithmetisch progressive.** Die Ermittlung der Abschreibungsbeträge erfolgt genau so wie bei den degressiven Abschreibungsmethoden. Die Verrechnung der Abschreibungsbeträge geschieht in genau umgekehrter Folge.

Die **Abschreibung nach Leistung** (variabel) erfaßt den Werteverzehr der Betriebsmittel entsprechend ihrer Inanspruchnahme im Produktionsprozeß. Man ermittelt den Abschreibungsbetrag einer Periode, indem man die Anschaffungskosten (AW) abzüglich des Restnutzungswertes (Rn) dividiert durch die Gesamtsumme der möglichen Leistungseinheiten (Lg) und den Wert multipliziert mit den verbrauchten Leistungseinheiten der Periode (Lp)

---

[33]) Entsprechendes gilt für die nachfolgenden Formeln.

$$a = \frac{AW - Rn}{Lg} \times Lp$$

Da die Betriebsabrechnung u. a. die Aufgabe der substantiellen Kapitalerhaltung hat, ist bei steigenden/sinkenden Preisen für die Produktionsmittel, der kalkulatorische Abschreibungsbetrag den jährlichen Änderungen des Wiederbeschaffungswertes anzupassen. Das geschieht mittels eines Indexfaktors

$$\text{Indexfaktor} = \frac{\text{Wiederbeschaffungswert}[34]}{\text{Anschaffungskosten}}$$

Beispiel: Anschaffungskosten 10 000   n = 10

Wiederbeschaffungswert am Ende des 2. Nutzungsjahres 10 400

$$\text{Indexfaktor} = \frac{10\,400}{10\,000} = 1{,}04$$

Bei linearer Abschreibung und 10jähriger Nutzungsdauer beträgt der Abschreibungsbetrag des zweiten Jahres:

$$\frac{\text{Wiederbeschaffungswert}}{n} \times n_2 \not/ a_1 = \frac{10\,400}{10} \times 2 \not/ 1000 = 1080$$

Nachfolgende Tabelle 6 stellt einen Vergleich der Abschreibungsmethoden an Hand eines Beispiels dar.

Anschaffungswert 15 600 DM, Nutzungsdauer 5 Jahre, Restwert des 5. Jahres 600 DM.

linear: Abschreibungsbetrag a pro Jahr konstant

$$a = \frac{15\,600 - 600}{5} = 3000$$

arithmetisch degressiv: (Abschreibungsbetrag pro Jahr um gleichen Degressionsbetrag fallend)

$$a_1 = 5 \times \frac{15\,600 - 600}{15} = 5000{,}-$$

Degressionsbetrag 1000 DM

$$a_2 \qquad\qquad = 4000{,}-$$

arithmetisch progressiv: (Abschreibungsbetrag pro Jahr um gleichen Degressionsbetrag steigend)

$$a_1 = 1000{,}- \quad a_2 = 2000{,}- \ldots \quad a_5 = 5000{,}- \text{ DM}$$

---

[34] An Stelle des Wiederbeschaffungswertes, der schwierig zu bestimmen ist, geht man in der Praxis von Tagespreisen aus oder verwendet branchenstatistische Preisindizes.

geometrisch degressiv: (Abschreibungsbetrag pro Jahr um kleiner werdenden Degressionsbetrag fallend)

$$p = 100 \times \left(1 - \sqrt[5]{\frac{600}{15\,600}} \right) = 47,88\,\%$$

$$a_1 = 15\,600 \times 0,4788\,\% = 7469,28$$

$$a_2 = 3892,99 \qquad a_5 = 551,17$$

geometrisch progressiv: (Abschreibungsbetrag pro Jahr um größer werdenden Degressionsbetrag steigend)

$$a_1 = 551,17 \qquad a_5 = 7469,28$$

Nach Leistung (variabel)

Leistungspotential insgesamt $\qquad Lg = 30\,000$

$$\begin{aligned}
Lp_1 &= 10\,000 & a_1 &= 5\,000 \\
Lp_2 &= 5\,000 & a_2 &= 2\,500 \\
Lp_3 &= 4\,000 & a_3 &= 2\,000 \\
Lp_4 &= 8\,000 & a_4 &= 4\,000 \\
Lp_5 &= 3\,000 & a_5 &= \underline{1\,500} \\
& & \text{Summe} & \ \ 15\,000
\end{aligned}$$

	linear	degressiv		progressiv		Nach Leistungs-einheit
		arithm.	geometr.	arithm.	geometr.	
Anschaffungswert	15 600	15 600	15 600	15 600	15 600	15 600
Abschreibungsbetrag des 1. Jahres a_1	3 000	5 000	7 469,28	1 000	551,17	5 000
Restbuchwert am Ende des 1. Jahres R_1	12 600	10 600	8 130,72	14 600	15 048,83	10 600
a_2	3 000	4 000	3 892,99	2 000	1 057,53	2 500
R_2	9 600	6 600	4 237,73	12 600	13 991,30	8 100
a_3	3 000	3 000	2 029,03	3 000	2 029,03	2 000
R_3	6 600	3 600	2 208,70	9 600	11 962,27	6 100
a_4	3 000	2 000	1 057,53	4 000	3 892,99	4 000
R_4	3 600	1 600	1 151,17	5 600	8 069,28	2 100
a_5	3 000	1 000	551,17	5 000	7 469,28	1 500
R_5 = Schrottwert	600	600	600	600	600	600

Tabelle 6

Die kostenrechnerische Beurteilung der Abschreibungsmethoden

Wenn man vom Grundprinzip der Kostenrechnung ausgeht, daß die verursachungsgerechte Verteilung der Kostenarten auf die Kostenträger — Kostenstellen anstrebt, dann ist **die** Abschreibungsmethode für Zwecke der Kostenrechnung am geeignetesten, die diesem Prinzip am besten entspricht.

Lassen sich das Ausmaß der Beanspruchung von Betriebsmitteln (z. B. Betriebsstunden, Fahrkilometer, Abbaumengen von Abbaugrundstücken usw.) genau messen und ist das Gesamtnutzungspotential exakt bestimmbar, dann entspricht die Abschreibung nach Leistungseinheiten ideal den kostenrechnerischen Grundsätzen.

Überwiegend sind in den Betrieben diese Bedingungen nicht gegeben und somit ist die **lineare** Abschreibung, die den zeitproportionalen Werteverzehr erfaßt, die gebräuchlichste Abschreibungsmethode. Wegen der Einfachheit der rechnerischen Anwendung und der gleichmäßigen Belastung der Perioden mit Abschreibungen ist sie kostenrechnerisch vertretbar.

Die **degressiven** Abschreibungsmethoden sind mehr für bilanz- und steuerpolitische Zwecke[35]) der Unternehmung geeignet. Im Falle eines gleichmäßig abgestuften Altersaufbaus der Betriebsmittel würden sich bei ihrer Anwendung die hohen Abschreibungsbeträge der neueren Anlagen mit den niedrigeren der älteren kompensieren und ebenfalls wie bei der linearen zu einer gleichmäßigen Periodenbelastung führen.

Die **progressiven** Abschreibungsmethoden sind in der Praxis ungebräuchlich, da ihre Bedingungen — progressiver Wertminderungsverlauf — selten gegeben sind.

6.1.4. Kalkulatorische Kostenarten

Kosten, denen in der Aufwandrechnung keine Kosten (Zusatzkosten) oder Aufwand in anderer Höhe (Anderskosten) gegenüber stehen, sind kalkulatorische Kosten.

Neben den bereits besprochenen kalkulatorischen Abschreibungen werden als kalkulatorische Kosten in der Betriebsabrechnung verrechnet:

kalkulatorische Zinsen	} Anderskosten (einschl. kalkulatorische
kalkulatorische Wagnisse	Abschreibungen)
kalkulatorische Miete	} Zusatzkosten
kalkulatorischer Unternehmerlohn	

---

[35]) Hier sind die steuerlichen Vorschriften zu beachten, die einen Höchstsatz als Abschreibungsprozentsatz vorschreiben.

Kalkulatorische Zinsen

Das im Vermögen des Unternehmens investierte Kapital stammt aus den Quellen der Kapitaleigner (Eigenkapital) und Dritter, die es der Unternehmung leihweise zur Verfügung stellen (Fremdkapital). Die Aufwandrechnung verrechnet nur effektiv gezahlte Zinsen für Fremdkapital.

In der Kostenrechnung müssen auch Zinsen für das Eigenkapital angesetzt werden, um zu gewährleisten, daß diejenigen, die der Unternehmung Eigenkapital zur Verfügung stellen, über den Preis der verkauften Leistung wenigstens den auf dem Markt üblichen Zins für das **betriebsnotwendige Kapital** erhalten, als das Entgelt, das sie bei anderweitiger Kapitalanlage erzielen würden. Zwar verursacht Eigenkapital keine effektiven Zinszahlungen, stellt aber Nutzenentgang dar, der von der BWL als Opportunitätskosten bezeichnet wird.

Für die Berechnung der kalkulatorischen Zinsen wird das **betriebsnotwendige Kapital** ermittelt.

Das betriebsnotwendige Kapital repräsentiert sich im **betriebsnotwendigen Vermögen,** das Vermögen, das zur Durchführung des betrieblichen Leistungserstellungs- und -verwertungsprozesses notwendig ist.

Aus dem Gesamtvermögen sind:

     a) alle nicht betriebsnotwendigen Vermögensteile auszusondern (z. B. Reservegrundstücke, stillgelegte Anlagengegenstände, im Bau befindliche Anlagen, nicht betriebsnotwendige Wertpapiere, überdurchschnittliche Rohstoffbestände usw.),

     b) die Wertansätze der Bilanz auf die kalkulatorischen Restwerte zu korrigieren,

     c) das zinsfrei überlassene Fremdkapital abzuziehen[36]).

Das so ermittelte betriebsnotwendige Kapital wird mit dem landesüblichen Zinsfuß verzinst und stellt die kalkulatorischen Zinsen dar[37]).

Nachfolgend ein vereinfachtes Berechnungsbeispiel.

---

[36]) Vgl. hierzu Lücke, W., Die kalkulatorischen Zinsen im betrieblichen Rechnungswesen, in ZfB, 35. Jg. (1965), Ergänzungsheft, S. 3—28, der durch Ansatz von Abzugskapital den Einfluß von Finanzierungsgebaren in die Kostenrechnung sieht.

[37]) Kilger schlägt die durchschnittliche Verzinsung vom halben Ausgangswert vor, um eine periodisch gleichmäßige Verzinsung zu erzielen. Vgl. hierzu Kilger, W., Betriebliches Rechnungswesen, in: Allgemeine Betriebswirtschaftslehre in programmierter Form, hrsg. v. H. Jacob, Wiesbaden 1969, S. 855—869.

Aktiva	Anf. Bil.	Schl.-Bil.	Betriebs-notw. Kapital	Bemerkungen
Grundstücke	200	200	220	Aufl. stiller Reserven
Gebäude	450	500	520	kalk. Staffel: 550 nicht betriebsnotw. 30
Maschinen	610	630	650	lt. Abschr.-Staffel
Beteilig.	200	200	100	100 nicht betriebsnotwendig
Vorräte	900	1000	1300	300 stille Reserven
Wertpapiere	300	300	100	200 nicht betriebsnotwendig
Debit.	200	300	250	Durchschnittsbestand
Bank	100	200	130	Durchschnittsbestand, davon 20 nicht betriebsnotwendig
	2960	3330	3270	
Passiva				
Aktien	1000	1000		
Reserven	450	450		
Wertberichtg.	300	300		
Rücklagen	100	100		
Hypotheken	500	500		
Kredit.	300	500		für 400 entstehen keine Zinsen (kein Skonto)
Anz.	100	200		Durchschnittswert 150 zinsfrei
Gewinn	210	280		
	2960	3330		

Tabelle 7

Betriebsnotwendiges **Vermögen** = 3270

— Abzugskapital (Kred. u. Anz.) 550

= Betriebsnotwendiges **Kapital** 2720 (hierauf landesüblicher Zinsfuß verrechnet)

Betriebsnotwendiges Vermögen: = Bilanzsumme Aktiva + stille Reserven ╱ betriebsfremdes Kapital

Betriebsnotwendiges Kapital: = Betriebsnotwendiges Vermögen ╱ zinsfreies Abzugskapital

Kalkulatorische Wagnisse

In marktwirtschaftlichen Systemen ist jede unternehmerische Tätigkeit einer latenten Bedrohung (Risiken) ausgesetzt, die in folgenden Bereichen liegen kann:

a) in den leitenden Persönlichkeiten des Unternehmens selbst,

b) in der Unberechenbarkeit der marktlichen Entwicklung,

c) in der produktionstechnischen Entwicklung.

Diese existentiellen Risiken sind in der Kostenrechnung nicht kalkulierbar, da sie **allgemeine Unternehmenswagnisse** darstellen, die die Unternehmung als Ganzes betreffen und aus dem Gewinn abzudecken sind.

Die **speziellen Einzelwagnisse** dagegen, die mit betrieblichen Funktionen eng verbunden sind, lassen sich kalkulatorisch erfassen und werden als Gemeinkosten verrechnet für alle Risiken, die nicht durch Fremdversicherungen gedeckt sind und als Kosten in Form von Versicherungsprämien in die Betriebsabrechnung eingehen.

Die wichtigsten Einzelwagnisse sind:

> Beständewagnisse,
>
> Anlagewagnisse,
>
> Fertigungswagnisse (einschließlich Ausschußwagnisse),
>
> Entwicklungswagnisse,
>
> Vertriebswagnisse.

Beständewagnisse entstehen aus dem Risiko des Verlustes durch Schwund, Diebstahl, Preisverfall, Veralterung usw. von Roh-, Hilfs- und Betriebsstoffen, Halb- und Fertigfabrikaten.

Anlagewagnisse entstehen aus Risiken des vorzeitigen Ausscheidens von Anlagegütern aus dem Produktionsprozeß durch technische oder wirtschaftliche Überholung, außergwöhnliche Schäden usw.

Fertigungswagnisse entstehen aus Ausschußproduktion, Nacharbeitskosten, Ersatz- und Nachlieferungen, Konstruktionsfehlern.

Entwicklungswagnisse entstehen aus Entwicklungsvorhaben, die praktisch oft zu keinem konkreten Ergebnis führen.

Vertriebswagnisse entstehen aus Debitorenausfällen, Währungsverlusten.

Sonstige Wagnisse entstehen aus branchen- oder betriebsindividuellen Gegebenheiten wie: Bergschäden, Schiffsverlusten, Ölleitungen usw.

Durch Einbeziehung kalkulatorischer Wagnisse in die Kosten soll sichergestellt werden, daß die im Durchschnitt anfallenden Risiken abgedeckt werden. Da die Schadensereignisse zufällig und die Schadenshöhe unterschiedlich ist, soll in der Kostenrechnung ein „normalisierter" Wagniszuschlag berücksichtigt werden.

Tatsächlich eingetretene Wagnisverluste der Vergangenheit in Beziehung gesetzt zu einer Bezugsgröße ergeben den zu verrechnenden Wagniszuschlag.

Auf lange Sicht sollten sich die kalkulierten Einzelwagnisse mit den tatsächlichen Wagnisverlusten ausgleichen. Die Verbuchung der effektiven Wagnisverluste und der kalkulatorischen Wagniskosten ist analog der Verbuchung der kalkulatorischen Abschreibungen (s. w. u.) vorzunehmen.

Die kalkulatorischen Wagniskosten sind erfolgsneutral, gehen also in die Selbstkosten der Produkte ein.

Kalkulatorischer Unternehmerlohn

In Kapitalgesellschaften sind die Unternehmer Angestellte (Organe) der Unternehmung und erhalten für ihre Arbeitsleistung ein Gehalt, das in der Finanzbuchhaltung als Aufwand, und in der Kostenrechnung als Kosten verrechnet wird.

In Einzel- und Personalgesellschaften soll die unternehmerische Arbeitsleistung durch den Gewinn abgegolten werden und es entstehen aus steuer- und handelsrechtlichen Gründen weder Aufwand noch Ausgaben. Da unzweifelhaft der „Verbrauch" des Produktionsfaktors dispositive Arbeit vorliegt und betriebsnotwendig ist, verrechnet die Kostenrechnung einen kalkulatorischen Unternehmerlohn in die Selbstkosten ein. Der Unternehmerlohn soll in der Höhe etwa dem Gehalt eines leitenden Angestellten in gleicher Funktion eines Unternehmens gleicher Größe, Branche und Produktionsprogramms entsprechen.

Buchungstechnisch wird der kalkulatorische Unternehmerlohn erfolgsneutral verbucht.

Beispiel: Kalkulatorischer Unternehmerlohn 5000,— DM

Kontenklassen							
S verrechn. U-Lohn H		S Unternehmerlohn H		Betriebsergebnis			
(3) 5000	(1) 5000	(1) 5000	(2) 5000	(2) 5000	5000 (4)		
				Neutrales Ergebnis			
				(6) 5000	5000 (3)		
				Gewinn u. Verlust			
				(4) 5000	5000 (6)		

Kalkulatorische Miete

Eine kalkulatorische Miete ist zu verrechnen, wenn Einzelunternehmer oder Gesellschafter einer Personengesellschaft private Räume für Betriebszwecke zur Verfügung stellen. Die Begründung für die Verrechnung von Zusatzkosten ist analog der, die bei dem Ansatz von kalkulatorischem Unternehmerlohn in der Kostenrechnung gegeben wurde. Der Verrechnungsvorgang entspricht dem des kalkulatorischen Unternehmerlohns.

6.1.5. Sonstige Kostenarten

Zu den sonstigen Kostenarten zählen alle übrigen Kosten der Klasse 4 wie
Energiekosten (Strom, Gas, Wasser, Brennstoffe), Transport-, Prüfungs-, Werbe-,
Versicherungs-, Unterhalts-, Reparaturkosten, Dienstleistungskosten Dritter,
Gebühren, Kostensteuern[38]) (Grund-, Beförderungs-, Vermögens-, Gewerbe-
steuer) die, soweit sie von außen bezogen werden, mit dem Buchhaltungsauf-
wand übereinstimmen und problemlos in der Kostenrechnung erfaßt werden
können.

6.1.6. Erkenntniswert und Beurteilung der Kostenartenrechnung

Die Hauptaufgabe der Kostenartenrechnung besteht darin, durch eine hin-
reichende Gliederung der Kostenarten, einheitliche Kontierung, sachliche und
zeitliche Abgrenzung gegenüber dem Aufwand der Finanzbuchhaltung, Grundlage und Vorbereitung für eine genaue und aussagefähige Kostenstellen- und
Kostenträgerrechnung zu bilden.

Der Erkenntniswert der Kostenartenrechnung für sich genommen ist relativ
gering, denn sie läßt nicht erkennen,

- wo die Kosten angefallen sind, wer die Kostenänderung zu verantworten hat, noch

- wodurch ihre Höhe beeinflußt wurde.

Der Kostenartenrechnung fehlt jede direkte Beziehung zur Erzeugniseinheit.

Unter bestimmten Voraussetzungen kann ein Kostenartenvergleich für innerbetriebliche und zwischenbetriebliche Zwecke sinnvoll sein. (Kostenartenvergleich verschiedener Perioden, Ermittlung von Verhältnis- und Indexziffern).

7. Kostenstellenrechnung

In der Kostenstellenrechnung soll die Frage beantwortet werden, **wo** die Kosten
entstanden sind.

Insbesondere die unterschiedliche Beanspruchung der Betriebsbereiche durch
die Kostenträger führt zur Gliederung des Betriebes in Kostenstellen.

7.1. Ziel und Zweck der Kostenstellenrechnung liegt in

a) der Verteilung der Gemeinkosten auf die einzelnen Kostenstellen nach dem
Verursachungsprinzip, d. h. jede Kostenstelle soll mit den Kosten belastet werden, die sie verursacht hat;

---

[38]) Zum Kostencharakter der Steuer vgl. Haberstock, L.: a. a. O. S. 86 und Fußnote 1.

b) der Ermittlung von Kalkulationssätzen, um die verursachungsgerechte Verrechnung von Gemeinkosten auf die Kostenträger zu ermöglichen;

c) der innerbetrieblichen Leistungsverrechnung, die durch den Leistungsaustausch der Kostenstellen untereinander notwendig wird.

7.2. Bildung und Gliederung der Kostenstellen

Unter Kostenstellen versteht man Teilbereiche des Betriebes, die kostenrechnerisch selbständig abgerechnet werden[39]).

Gleichzeitig sind Kostenstellen Kontierungseinheiten für die zu verteilenden Gemeinkostenarten.

Die Einteilung des Kostenfeldes Betrieb kann nach verschiedenen Kriterien vorgenommen werden:

a) Die Einteilung nach **räumlichen** Gesichtspunkten, Werkstatt I, Werkstatt II usw. (abgegrenzte Lokalitäten) ist nachteilig für die Ermittlung von Kalkulationssätzen, wenn in den Räumen verschiedenartige Arbeiten geleistet werden.

b) Die Einteilung nach **funktionellen** Gesichtspunkten ist eine Einteilung nach betrieblichen Funktionen, wie Beschaffung, Fertigung, Verwaltung, Entwicklung und Vertrieb.

c) die Einteilung nach **Verantwortungsbereichen** grenzt Aufsichtsbereiche von Meistern, Abteilungsleitern kostenrechnerisch zu Kostenstellen ab und ist Voraussetzung für eine Kontrolle der Betriebsgebarung auf den Kostenstellen bei Plankostenrechnungssystemen.

d) die Einteilung nach **rechentechnischen** Gesichtspunkten gliedert insbesondere im Fertigungsbereich die Kostenstellen so, daß funktionsgleiche und in der Kostenstruktur gleiche Aggregate in Kostenstellen abrechnungstechnisch zusammengefaßt werden. Sie führt im Prinzip zur Platzkostenrechnung und dient der Verfeinerung der Kalkulation.

In der Praxis der Kostenstellenbildung werden einzelne Elemente der genannten Kriterien kombiniert, um die Aufgabe der Kostenstellenrechnung optimal erfüllen zu können.

Insbesondere muß die Kontrolle der Betriebsgebarung durch den Gesichtspunkt der Abgrenzung der Kostenstellen nach Verantwortungsbereichen gewährleistet sein.

Ferner müssen für Zwecke der Kalkulation homogene Leistungsbereiche geschaffen werden, für die sich Kalkulationssätze möglichst einfach bilden lassen, die dem Prinzip der Verursachung entsprechen, d. h. die Kalkulation würde ungenau, wenn Aggregate unterschiedlicher Kostenstruktur zusammengefaßt werden, z. B. Handarbeitsplätze und Maschinenarbeitsplätze, oder normale Hobelbänke und Drehautomaten.

---

[39]) Vgl. Kilger, W.: Betriebliches Rechnungswesen, a. a. O. S. 870.

Schließlich soll die Kostenstellenbildung dazu führen, daß alle nach Kostenarten differenzierten Gemeinkostenbelege ohne Schwierigkeiten auf die Kostenstellen kontiert werden können.

Bei Betrieben mit differenzierter Fertigung findet man in der Regel folgende Kostenstellenbereiche, die wenigstens eine Hauptkostenstelle haben:

Materialbereich

Materialkostenstellen sind solche, welche die Beschaffung, Prüfung, Lagerung und Abgabe des Materials an den Betrieb durchführen. (Roh-, Hilfs-, Betriebsstoffe und Fertigerzeugnisse)

Fertigungsbereich

Zum Fertigungsbereich gehören alle Kostenstellen, die unmittelbar (Hauptkostenstellen) oder mittelbar (Bereichshilfskostenstellen) bei der Durchführung des eigentlichen Produktionsprozesses mitwirken.

Verwaltungsbereich

Dem Verwaltungsbereich obliegt die allgemeine Unternehmensführung und Kontrolle. Kostenstellen sind z. B.: Direktion, kaufmännische Verwaltung, Rechnungswesen, Registratur usw.

Vertriebsbereich

Im Vertriebsbereich sind die Kostenstellen zusammengefaßt, die sich mit der Lagerung der Fertigerzeugnisse, dem Verkauf, der Werbung, Kundendienst und Spedition der Fertigerzeugnisse befassen.

Allgemeiner Bereich

Kostenstellen des allgemeinen Bereichs erbringen Hilfsleistungen für den ganzen Betrieb, nicht aber direkte Marktleistungen. Beispiele für Kostenstellen des allgemeinen Bereichs sind Grundstücks- und Gebäudeverwaltung, Energieversorgung, Sozialabteilung, innerbetrieblicher Transport, Wach- und Pförtnerdienste usw.

Forschungs- und Entwicklungsbereich

Wenn die Funktionen dieses Bereichs nicht dem allgemeinen Bereich zugeordnet werden, finden sich hier Kostenstellen wie: Grundlagenforschung, Zentrallabor, Patentabteilung usw.

Nach Art der Abrechnung und Mitwirkung an der Leistungserstellung wird nachfolgende Kostenstellengruppierung vorgenommen:

a) Hauptkostenstellen

b) Hilfskostenstellen

ba) allgemeine Hilfskostenstellen

bb) Bereichshilfskostenstellen

Hauptkostenstellen verrechnen ihre Kosten unmittelbar mittels Zuschlagsatzes auf die Kostenträger. Hauptkostenstellen sind die Materialstellen, Fertigungsstellen, Verwaltungs- und Vertriebsstellen.

Hilfskostenstellen verrechnen ihre Gemeinkosten nicht direkt auf die Kostenträger, sondern ihre Kosten werden in der innerbetrieblichen Leistungsverrechnung auf die leistungsempfangenden Haupt- und Hilfskostenstellen umgelegt. Man unterscheidet bei den Hilfskostenstellen:

allgemeine Hilfskostenstellen, auf denen Kosten verrechnet werden, die auf alle übrigen Haupt- und Hilfskostenstellen anteilmäßig nach Leistungsinanspruchnahme umzulegen sind.

Bereichshilfskostenstellen sammeln Kosten von Hilfsbetrieben, die nur für einen Bereich (besonders im Fertigungsbereich) tätig werden, und deren Kosten auf die zugehörigen Hauptkostenstellen des Bereichs anteilmäßig verteilt werden (z. B. Lehrwerkstatt, Arbeitsvorbereitung, Reparaturwerkstatt usw.).

Die Unterteilung des Kostenfeldes Betrieb in Haupt- und Hilfskostenstellen ist nicht immer unproblematisch, da z. B. die Modellschreinerei einer Gießerei zwar hauptsächlich für die Gießerei Modelle für Gußformen liefert, aber in Zeiten der Nichtauslastung durchaus Fremdaufträge erfüllen kann und damit absatzfähige Produkte liefert und somit gleichzeitig den Kriterien der Haupt- und Hilfskostenstellen genügt.

Nachfolgender vereinfachter Kostenstellenplan einer Brauerei, der zweckmäßigerweise jeder Kostenstelle eine Grundnummer zuordnet, soll als Beispiel für eine Kostenstelleneinteilung dienen.

1 **Allgemeiner Bereich** (= allgemeine Hilfskostenstellen)

   101 Grundstücke und Gebäude
   102 Sozialdienst
   103 Energie

2 **Materialbereich**

   201 Einkauf
   202 Warenannahme
   203 Lager

3 Fertigungsbereich

30 Bereichshilfskostenstellen
301 Kesselhaus
302 Kältemaschinen
303 Heizungsraum
304 Wasserwerk
305 Reparaturwerkstatt
31 Fertigungs**haupt**stellen
311 Maischbottich
312 Würzpfannen
313 Gärbottiche
314 Lagerkeller
315 Abfüllstation
32 Fertigungs**neben**stellen
321 Eisfabrik
322 Malzfabrik
323 Alkoholfreie Getränke

4 Verwaltungsbereich

401 Betriebsleitung
402 Rechnungswesen
403 Personalabteilung
404 Rechtsabteilung
405 Organisation
406 Registratur

5 Vertriebsbereich

501 Verkauf Inland
502 Verkauf Ausland
503 Werbung
504 Versandläger
505 Kundendienst
506 Spedition

7.3. Der Betriebsabrechnungsbogen (BAB)

Im System der Betriebsabrechnung werden Kostenartenplan und Kostenstellenplan zum sogenannten BAB zusammengefaßt[40]). Der BAB ist ein organisatorisches Hilfsmittel zur Durchführung der Kostenstellenrechnung in statistisch
tabellarischer Form, in dem gewöhnlich die Kostenarten vertikal und die
Kostenstellen horizontal angeordnet sind.

---

[40]) Andere Möglichkeit: die Kostenstellenrechnung kontenmäßig über Kostenstellen
und Kostenträgerrechnung im Rahmen der doppelten Buchhaltung durchzuführen. Bei
Großbetrieben jedoch nur mittels EDV-Anlagen möglich.

Betriebsabrechnungsbogen[41]

Lfd. Nr.	Konto-Nr.	Kostenart	Buchungs-betrag	Allgemeine Hilfskostenstellen Ge-bäude 60	Heizung 61	Material-kosten-stelle 62	Fertigungshauptkostenstellen Modellbau 64	Holzbe-arbeitung 65	Montage 66	Lackiererei 67	Fertigungs-hilfs-kosten-stelle (Betriebs-schloss.) 63	Ver-waltungs-kosten-stelle 68	Vertriebs-kosten-stelle 69
0	1	2	3	4	5	6	7	8	9	10	11	12	13
1	410	Gemeinkostenlöhne	7 930	70	320	—	240	1 880	3 500	1 270	530	—	120
2	411	Gehälter	9 400	—	—	1 000	950	1 620	2 490	1 220	320	1 000	800
3	415	Gesetzl. soz. Leistungen	3 380	20	30	110	210	680	1 680	460	60	80	50
4	420	Gemeinkostenmaterial	3 970	—	360	40	160	720	1 670	480	480	30	30
5	421	Werkzeugverbrauch	310	—	20	20	30	50	90	30	70	—	—
6	430	Instandhaltung	990	250	70	10	50	160	380	40	30	—	—
7	422	Energiekosten	1 950	70	60	20	240	490	660	210	120	40	40
8	440	Steuern	1 450	340	30	—	90	140	440	110	60	240	—
9	441	Versicherungen	450	40	20	40	50	60	100	40	40	40	20
10	450	Reisespesen	380	—	—	—	—	—	—	—	—	—	380
11	460	Kalk. Abschreibungen	1 430	350	90	70	60	210	290	190	110	30	30
12	461	Kalk. Zinsen	2 500	400	80	—	170	490	690	470	180	20	—
13	462	Kalk. Wagnisse	640	—	—	40	120	130	250	100	—	—	—
14	463	Kalk. Unternehmerlohn	3 600	—	—	—	500	850	1 400	500	50	150	150
15	442	Gebühren, Beiträge	650	20	20	—	30	70	130	50	40	290	—
16	490	Sonstige Gemeinkosten	240	—	—	90	—	20	30	—	—	—	60
17		Gemeinkostensummen	39 270	1 560	1 100	1 440	2 900	7 570	13 800	5 170	2 090	1 960	1 680
18		Umlage, Gebäude	1 560	↳	80	100	180	240	310	240	160	130	120
19		Umlage, Heizung	1 180	—	↳	60	100	260	290	210	80	90	90
20		Umlage, Betriebsschlosserei	2 330				220	630	1 100	380	↵		
21		Angefallene Stellengemeinkosten				1 600	3 400	8 700	15 500	6 000		2 180	1 890
22		Beziehungsgrößen				32 000	3 500	7 000	15 000	5 600		91 300	91 300
23		Effektive Zuschläge				5%	97,14%	124,29%	103,33%	107,14%		2,39%	2,07%
24		Normalzuschläge				5%	95%	125%	100%	110%		2,5%	2%
25		Verrechnete Stellengemeinkosten				1 600	3 325	8 750	15 000	6 160		2 283	1 826
26		Überdeckungen (+) Unterdeckungen (—)				—	— 75	+ 50	— 500			+ 103	—64

Tabelle 8

[41]) BAB entnommen Gablers Wirtschaftslexikon, Bd. 1, Wiesbaden S. 575.

Die Aufgaben des BAB sind:

● die aus der Kontenklasse 4 entommenen Gemeinkosten verursachungsgerecht auf die Kostenstellen zu verteilen,

● die Durchführung der innerbetrieblichen Leistungsverrechnung,

● die Ermittlung von Kalkulationssätzen,

● die Ermittlung von Kennzahlen zum Zwecke der Kostenstellenkontrolle.

Die Einzelkosten, die den Kostenträgern verursachungsgemäß direkt zugerechnet werden können, erscheinen im BAB **nur** als Bezugsbasis neben anderen Bezugsgrößen (m²Fläche, Beschäftigtenzahl usw.), um sie bei Ermittlung von Kalkulationssätzen direkt aus den Vorspalten des BAB bequem entnehmen zu können.

Die Technik der Aufstellung eines BAB

Die aus der Kostenartenrechnung übernommenen primären[42] Gemeinkosten werden als Summen in die vertikalen Spalten des BAB eingetragen und direkt oder indirekt auf die Kostenstellen verteilt. Nach dieser ersten Verteilung werden die senkrechten Spalten des BAB addiert und es ergeben sich für jede Haupt- und Hilfskostenstelle die Summe der primären Gemeinkosten.

In einer zweiten Verteilung werden die Gemeinkosten der Hilfskostenstellen auf die Haupt- und Hilfskostenstellen umgelegt, die von ihnen Leistungen empfangen haben (innerbetriebliche Leistungsverrechnung).

Eine erneute senkrechte Addition ergibt die Summe der sekundären[43] Kosten der Hauptkostenstellen, die mit den primären Kosten der Hauptkostenstellen die Gesamtkosten der Hauptkostenstellen ergibt. Die Verteilung der Gemeinkosten der Hauptkostenstellen auf die Kostenträger erfolgt durch Bildung von Zuschlagssätzen, die durch Inbeziehungsetzen der Gemeinkostensumme der Hauptkostenstelle zur Bezugsgröße gebildet werden.

Werden Normalkostenrechnungssysteme angewandt[44], entstehen im BAB zwischen entstandenen Istkosten der Abrechnungsperiode und verrechneten Normalkosten Über- und Unterdeckungen.

$$\text{Istkosten} > \text{Normalkosten} = \text{Unterdeckung}$$

$$\text{Istkosten} < \text{Normalkosten} = \text{Überdeckung}$$

die eine Kostenstellenkontrolle ermöglichen sollen. Die für die Vorkalkulation verwendeten Normalzuschlagssätze werden ebenfalls in einer Sonderspalte des BAB den Istzuschlagssätzen der Periode gegenübergestellt und führen bei nachhaltigen Abweichungen zu Korrekturen der Normalzuschlagssätze für die Vorkalkulation.

---

[42] Vgl. zum Begriff primäre Gemeinkosten, S. 39.
[43] Vgl. zum Begriff sekundäre Kosten, S. 39.
[44] Vgl. Normalkostenrechnungssysteme, S. 26.

Das Problem im BAB ist die verursachungsgerechte Verteilung der Gemeinkosten auf die Kostenstellen, da eine direkte Zuteilung nach Verursachung auf die Kostenträger nicht möglich ist. Diese Zurechnung wird indirekt über die Kostenstellen vorgenommen, „weil man hofft, die Kosten von dort durch Auswahl geeigneter Bezugsgrößen am genauesten auf die Kostenträger zu verrechnen"[45]).

Bei der Gemeinkostenverteilung auf die Kostenstellen unterscheidet man:

Stelleneinzelkosten, die den Kostenstellen direkt zurechenbar sind, **Stellengemeinkosten,** die mittels bestimmter Schlüsselgrößen auf die Kostenstellen verteilt werden.

Ähnlich einfach wie die Zurechnung der Einzelkosten auf die Kostenträger ist die Zurechnung von Stelleneinzelkosten auf die verursachenden Kostenstellen, die an Hand von Kostenartenbelegen erfolgt: z. B. Hilfs- und Betriebsstoffe auf Grund von Materialentnahmescheinen, Hilfslöhne und Gehälter an Hand von Lohn- und Gehaltslisten.

Das eigentliche Problem bilden die Stellengemeinkosten, bei denen sich aus den Kostenartenbelegen die verursachende Kostenstelle nicht ersehen läßt. Man ist auf die Anwendung von Verteilungsschlüsselgrößen angewiesen. Die angewendete Schlüsselgröße muß ein Maß für die Kostenverursachung sein; dabei ist darauf zu achten, daß zwischen zu wählendem Schlüssel und der zu verteilenden Kostenart ein proportionaler Zusammenhang besteht.

Das Problem der Kostenschlüsselung tritt in der Kostenrechnung an drei Stellen auf:

① Bei Verteilung der Gemeinkosten auf die Kostenstellen.

② Bei Umlage der Hilfskostenstellen auf die Hauptkostenstellen.

③ Bei Zurechnung der Kosten der Hauptkostenstellen auf die Kostenträger.

Kostenschlüssel, die den Anforderungen der Proportionalität entsprechen, sind nicht immer einfach zu finden, da es oft mehrere Faktoren gibt, die die Kostenhöhe bzw. das Ausmaß der Leistungsinanspruchnahme bestimmen.

Bei der Wahl der Schlüsselgröße darf es jedoch nicht dazu kommen, daß deren Ermittlung so hohe Aufwendungen verursacht, daß die Abrechnungsmethode unwirtschaftlich wird. In Theorie und Praxis[46]) werden eine Vielzahl von Schlüsselgrößen für die Gemeinkostenverrechnung angeboten. Die wichtigsten lassen sich in 3 Gruppen zusammenfassen:

a) **Bei den Zeitschlüsseln** kann mit der Kalenderzeit, mit Betriebsschichten, Maschinenstunden, Fertigungs-, Rüst- und Stückzeiten gerechnet werden.

---

[45]) Haberstock, L.: a. a. O., S. 132.
[46]) Vgl. hierzu: Bussmann, K. F.: Industrielles Rechnungswesen, Stuttgart, S. 69 f.; Mellerowicz, K.: Kosten und Kostenrechnung, Bd. 2, Teil 1, Berlin 1966, S. 392; Heitz, B.: Kosten und Erfolgsrechnung, Herne – Berlin, Anlage 6 u. 7, S. 109 ff.

Abbildung 15

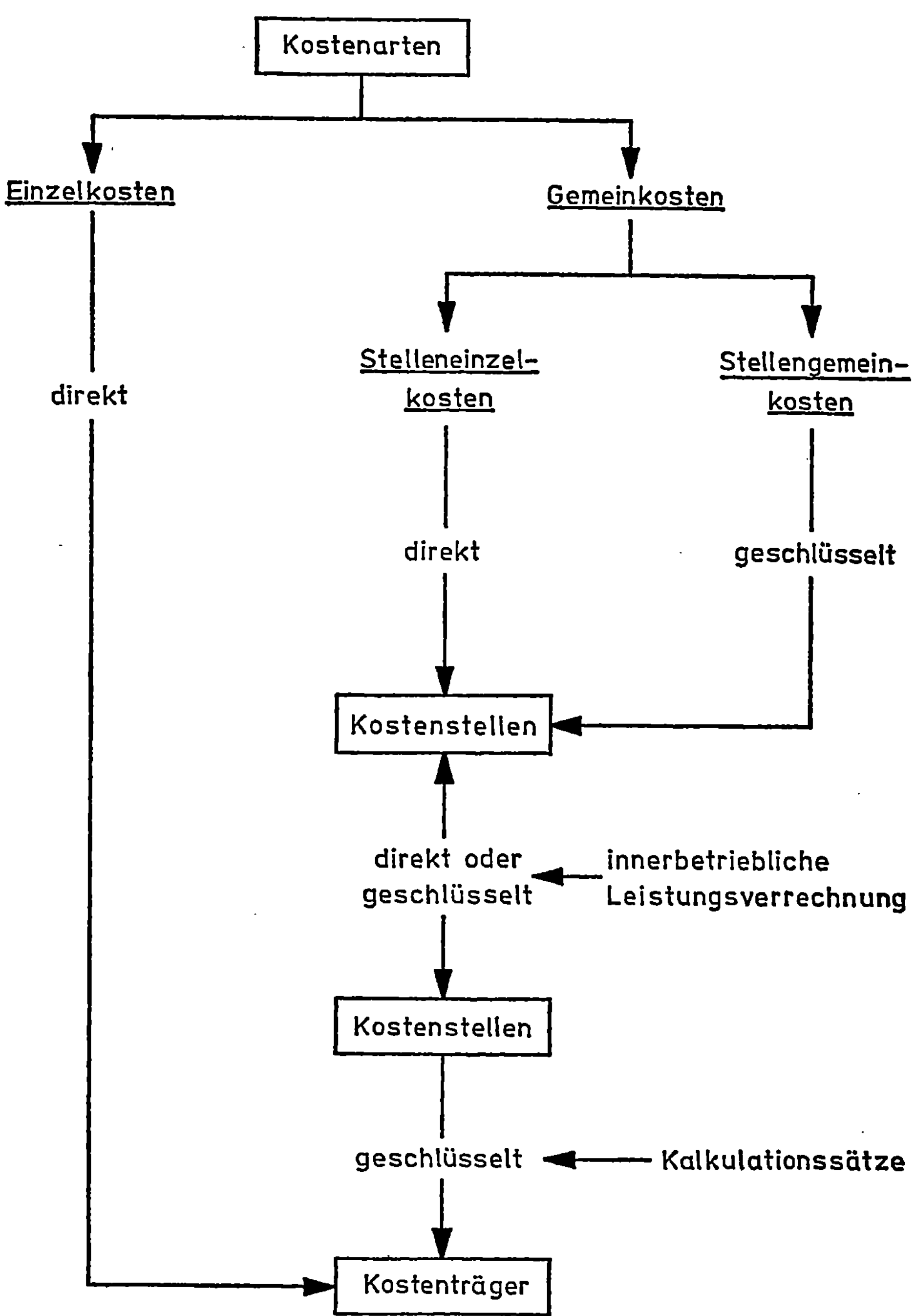

b) **Mengenschlüssel** beziehen sich auf Stückzahlen, Gewichte, Länge, Fläche, Kwh, Km, Rauminhalt usw.

c) **Wertschlüssel** können sein: Kostengrößen wie Fertigungslöhne, Material, Herstellkosten, Umsatz, Wareneinkaufswert, Wert des Betriebsvermögens usw.

Gegebenenfalls sind Schlüsselgrößen zu wichten, z. B. bei der Verteilung der Raumkosten sind Büroräumen der Faktor 2 und unbeheizten Lagerräumen der Faktor 0,5 zuzumessen.

1. Beispiel der indirekten Verteilung von Stromkosten für Beleuchtungszwecke nach installierten Watt.

Lichtstromkosten Januar 600 DM

Kostenstelle A   1500 installierte Watt
Kostenstelle B   900 installierte Watt
Kostenstelle C   600 installierte Watt

insgesamt   3000 installierte Watt

Es entfallen auf die Kostenstelle

$$A: \quad \frac{1500 \times 100}{3000} = 50\% = 300 \text{ DM}$$

$$B: \quad \frac{900 \times 100}{3000} = 30\% = 180 \text{ DM}$$

$$C: \quad \frac{600 \times 100}{3000} = 20\% = 120 \text{ DM}$$

2. Beispiel Grundstücke und Gebäude nach genutzter Fläche in qm.

Gemeinkosten   13 961,— DM
genutzte Fläche   2 100 qm

$$\text{Kosten je Normal-m}^2 \quad \frac{13\,961}{2\,100} = 6,52 \text{ DM/m}^2$$

Es entfallen auf die Kostenstellen

Kostenstelle	tats. m²	Wichtungs-faktor	Gemeinkosten DM
Kantine	50	2	100 × 6,52 = 652,—
Dreherei	300	1	300 × 6,52 = 1956,—
Fräserei	350	1	350 × 6,52 = 2282,—
Schleiferei	400	1	400 × 6,52 = 2608,—
Montage	450	1	450 × 6,52 = 2934,—
Werkzeugmacherei	100	1	100 × 6,52 = 652,—
Reparaturwerkstatt	50	1	50 × 6,52 = 326,—
Materialbereich	200	0,5	100 × 6,52 = 652,—
Verwaltungsbereich	50	2	100 × 6,52 = 652,—
Vertriebsbereich	75	2	150 × 6,52 = 978,—
	2100 m²		13 692,—

Tabelle 9

Nachfolgende Tabelle gibt einige Beispiele für die übliche Verteilung von primären und sekundären Gemeinkostenarten:

Kostenart	Verteilungsmethode	Verteilungsgrundlage
Brenn- u. Betriebsstoffe	direkt	Entnahmescheine
Werkzeuge und Kleingeräte	direkt	Entnahmescheine
Gehälter	direkt	Gehaltslisten
Urlaubslohn	indirekt	Kopfzahl der Belegschaft je Kostenstelle
Grundsteuer	direkt	nach m² Fläche je Kostenstelle
Arbeitsvorbereitung	indirekt	Fertigungslöhne der Fertigungsstellen
Reisekosten	direkt	nach Abrechnungsbelegen
Kalkulator. Abschreibungen	direkt	Anlagenkartei
Kalkulator. Zinsen	direkt	Anlagenkartei
Lichtstrom	indirekt	installierte Watt
Kraftstrom	direkt	nach kWh lt. Zähler

Tabelle 10

Die Häufigkeit der BAB-Termine ist unterschiedlich. Sie schwankt zwischen 10tägigen Monats- und Quartalsabrechnungen. Für Zwecke der Kostenkontrolle sind kurze Zeitabstände vorzuziehen, weil sonst eine Kontrolle nicht möglich ist. Für Zwecke der Kalkulation würden halbjährliche Termine genügen, da bei den einzelnen Kostenstellen und Kostenarten bei kurzfristigen Zeitabständen Zufallsschwankungen eine laufende Veränderung der Kalkulationssätze bedingen.

Sinnvoll für eine wirkliche Kostenkontrolle ist aber nur ein BAB, der neben Istkosten auch Sollkosten enthält, da nur so eine wirksame Kostenkontrolle möglich ist.

Für größere Betriebe, mit oft Hunderten von Kostenstellen, ist der klassische BAB zu unübersichtlich und wird durch den **Kostenstellenvergliechsbogen[47])** (Kostenstellenübersicht) ersetzt, der nur die Kostensumme für eine Kostenstelle enthält und dem jeweiligen Kostenstellenleiter eine brauchbare Unterlage zur Kontrolle seines Verantwortungsbereichs liefert.

Schema eines Kostenstellenvergleichsbogens mit Soll-Ist-Vergleich

Kostenstelle: Fräserei

Kostenart	Monat							usw.
	Januar			Februar				
	Soll	Ist	Abw.	Soll	Ist	Abw.		
Kostenart 1 Kostenart 2 Kostenart 3 usw.								
Kostenarten-summe								

Abbildung 16

---

[47]) Mit oder ohne Soll - Ist - Vergleich möglich; vgl. hierzu Kap. Plankostenrechnung.

7.4. Die Verrechnung innerbetrieblicher Leistungen

Die Erfassung und Verrechnung innerbetrieblicher Leistungen (ibL) ist ein schwieriges Problem der Kostenrechnung. Die Notwendigkeit ergibt sich daraus, daß der Betrieb nicht nur Leistungen für den Markt — Absatzleistungen ((hierzu gehören auch die Lagerleistungen, die erst später auf den Markt gelangen) — sondern auch Leistungen für den Eigenge- und Verbrauch produziert = innerbetriebliche Leistungen.

Dabei unterscheidet man zwei Arten von innerbetrieblichen Leistungen:

a) zu aktivierende innerbetriebliche Leistungen, hierzu zählen insbesondere selbsterstellte Maschinen, Anlagen, Transporteinrichtungen, Einbauten, werterhöhende Instandsetzungen,

b) nicht aktivierbare ibL — Gemeinkostenleistungen —, wie sie insbesondere von den allgemeinen Kostenstellen und Bereichshilfskostenstellen erbracht werden.

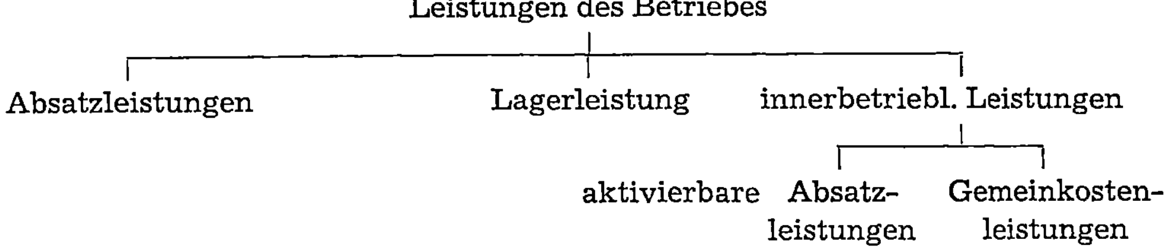

Die **aktivierbaren** ibL stellen insofern kein Problem dar, da sie wie Absatzleistungen behandelt werden, d. h. als Kostenträger (meist von Hauptkostenstellen erstellt), deren Kosten auf besonderen Konten der Klasse 7 gesammelt und nach Fertigstellung auf die Anlagekonten der Klasse 0 zu Herstellkosten aktiviert werden. Als Kostenart kalkulatorische Abschreibung / Zinsen gehen sie in die Kosten für Leistungen späterer Abrechnungsperioden wieder ein und werden so in der Selbstkostenkalkulation der Absatzleistungen berücksichtigt.

Die **nicht** aktivierbaren ibL stellen in der gleichen Rechnungsperiode in der sie erstellt werden auch leistungsbedingten Güterverzehr dar. Es sind Leistungen, die Kostenstellen untereinander austauschen, insbesondere die Inanspruchnahme der Hilfskostenstellen untereinander und durch die Hauptkostenstellen.

Das schwierige Problem einer innerbetrieblichen Leistungsverrechnung **nicht** aktivierbarer Leistungen liegt nun darin begründet, daß in größeren Betrieben eine vielfältige gegenseitige Leistungsverpflichtung der Hilfskostenstellen untereinander besteht. Die Kostenstelle Stromversorgung z. B. beliefert alle übrigen Kostenstellen mit Licht und Kraftstrom, empfängt ihrerseits aber auch Leistungen der Kostenstelle Wasserversorgung, Reparatur, Sozialeinrichtungen, usw. Da jede Kostenstelle nach dem Verursachungsprinzip mit den Kosten zu belasten ist, die sie verursacht hat, kann sie bei gegenseitiger Leistungsverpflichtung — bei Interdependenz des innerbetrieblichen Leistungsaustauschs —

erst dann den Verrechnungssatz für ihre Leistungen bilden, wenn die Verrechnungssätze für die Leistungen aller übrigen Hilfskostenstellen bekannt sind und entsprechend umgekehrt.

Nur eine exakte Verrechnung aller innerbetrieblichen Leistungen führt zur richtigen Erfassung von **Kalkulationssätzen der Hauptkostenstellen,** ermöglicht eine **richtige Kostenkontrolle** und einen Vergleich der Kosten zwischen **Eigenherstellung** oder ·**Fremdbezug** bestimmter Leistungen (z. B. Wasser, Strom, Reparaturstd).

Verfahren der innerbetrieblichen Leistungsverrechnung

In Theorie und Praxis gibt es eine Fülle von Verfahren der innerbetrieblichen Leistungsverrechnung, sowohl für die Erfassung und Verrechnung aktivierbarer wie nicht aktivierbarer innerbetrieblicher Leistungen. Im wesentlichen unterscheiden sie sich jedoch nur durch:

> die **Art der Verrechnungstechnik,**
> der **völligen** oder teilweisen Verrechnung der
> Kosten der innerbetrieblichen Leistungen oder
> durch den **Wertansatz für das Mengengerüst** der zu verrechnenden
> Gemeinkosten.

K i l g e r[48]) nennt als wesentliche Verfahren nach der **Art der Berücksichtigung** des innerbetrieblichen Leistungsaustauchs der Kostenstellen:

> a) das Gleichungsverfahren (mathematische Verfahren, Simultanverfahren)
>
> b) Näherungsverfahren
>
> ba) Stufenleiter- oder Treppenverfahren (stepp-leader-Verfahren) ·
> bb) Anbauverfahren.

Für den Wertansatz der Istverbrauchsmengen bei der innerbetrieblichen Leistungsverrechnung kommen in Betracht:

Istkostensätze	reine Istkostenrechnung
Normalverrechnungssätze	. Normalkostenrechnung
Planverrechnungssätze	Plankostenrechnung

Ist- und Normalverrechnungssätze sind regelmäßig **Vollkostensätze.** Planverrechnungssätze können Vollkostensätze sein oder nur die proportionalen Gemeinkosten bei Grenzplankostenrechnungssystemen berücksichtigen

a) Gleichungsverfahren (Simultan — mathematische Verfahren)

Bei gegenseitiger Leistungsverflechtung von Kostenstellen ist das Gleichungsverfahren geeignet, eine simultane Umlage der sekundären Kostenarten zwi-

---

[48]) Kilger, W.: Betriebliches Rechnungswesen, a. a. O. S. 871 ff.; vgl. ferner zu Methoden der ibL: Wöhe, G., a. a. O. S. 662 ff.; Münstermann, H.: Unternehmensrechnung, Wiesbaden 1969; Hartmann, B.: Die Erfassung und Verrechnung innerbetrieblicher Leistungen, Wiesbaden 1956.

schen den Kostenstellen zu ermöglichen und Verrechnungspreise für die Leistungen der Hilfskostenstellen zu ermitteln, die eine genaue Verrechnung der Leistungen der Kostenstellen nach dem Verursachungsprinzip ermöglichen.

Verrechnungsprinzip:

Für jede Hilfskostenstelle des Betriebes, die sowohl Leistungen von anderen Hilfskostenstellen empfängt als auch an diese abgibt, muß eine lineare Gleichung erstellt werden, die die Bedingung erfüllt: **Die Summe der abgegebenen Leistungen einer Hilfskostenstelle, bewertet zum unbekannten Verrechnungspreis, muß genau gleich sein der Summe der primären und sekundären Kosten der Hilfskostenstelle.**

Beispiel:

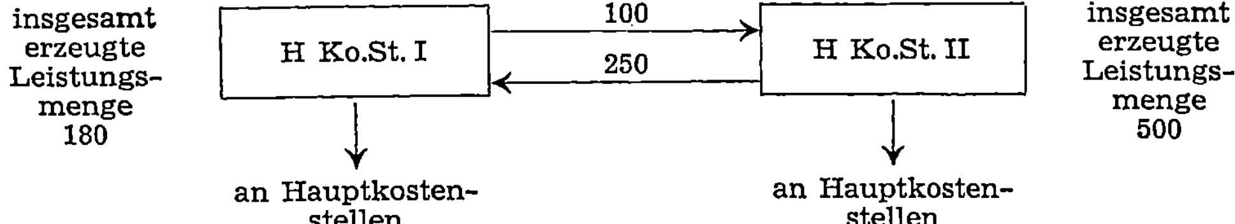

Folgende Daten seien gegeben:

Hilfskostenstelle I erzeugt insgesamt 180 Leistungseinheiten in der Periode und leistet davon an Stelle II 100 Einheiten, Rest an Hauptkostenstellen.
Die primären Kosten der Stelle I betragen 5000,— DM.

Hilfskostenstelle II erzeugt insgesamt 500 Leistungseinheiten in der Periode und leistet davon an Stelle I 250 Einheiten, Rest an Hauptkostenstellen.
Die primären Kosten der Stelle II betragen 3000,— DM.

Bei Verwendung folgender Kurzzeichen[49]) lauten die linearen Gleichungen:

K_j = Summe der primären und sekundären Kostenarten einer Kostenstelle j

K_p = Summe der primären Kostenarten einer Kostenstelle

x_{ij} = Menge der von der Hilfskostenstelle i an die Hilfskostenstelle j abgegebenen Leistungseinheiten

x_j = erzeugte Mengeneinheiten (insgesamt) einer Hilfskostenstelle j

j = Index der Hilfskostenstellen (j = 1, 2, ..., m)

m = Anzahl der unterschiedlichen Hilfskostenstellen

q_j = Verrechnungssatz (innerbetrieblicher) qro Einheit einer Hilfskostenstelle

$$K_1 = x_1 \cdot q_1 = k_{p1} + x_{21} \cdot q_2$$

$$\text{Gesamt-} = \text{Primäre} + \text{Sekundäre}$$
$$\text{kosten} \quad \text{Kosten} \quad \text{Kosten}$$

$$K_2 = x_2 \cdot q_2 = K_{p2} + x_{12} \cdot q_1$$

Hilfskostenstelle 1: $180 \, q_1 = 5000 + 250 \, q_2$

Hilfskostenstelle 2: $500 \, q_2 = 3000 + 100 \, q_2$

---

[49]) Vgl. Kilger, W.: Betriebliches Rechnungswesen, a. a. O. S. 873.

Bei Auflösung dieses Gleichungssystems ergibt sich für Leistungen der Hilfs-kostenstellen ein Verrechnungspreis pro Leistungseinheit von:

$$q_1 = 50 \text{ DM}$$

$$q_2 = 16 \text{ DM}$$

Die Kosten pro Kostenstelle nach der Verrechnung der gegenseitigen Leistungen betragen:

	Hilfskostenstelle I		Hilfskostenstelle II
Primäre Kosten K_{p1}	5000		3000
+ Sekundärkosten $x_{21} \cdot q_2$	4000 (16 × 250)	$x_{12} \cdot q_1$	5000 (100 × 50)
= Gesamtkosten K_j	9000		8000
∹ verrechnete Kosten $x_{12} \cdot q_1$	5000	$x_{21} \cdot q_2$	4000
= Kosten nach Verrechnung	4000		4000

Tabelle 11

Das Ergebnis zeigt, daß die Kosten nach Verrechnung gleich hoch sind, da sich durch die innerbetriebliche Leistungsverrechnung die Gesamtkostenhöhe nicht ändern kann.

Dieses System linearer Gleichungen kann für eine beliebige Anzahl von Kosten-stellen aufgestellt werden. Die Anzahl der Gleichungen hängt ab von der Zahl der am innerbetrieblichen Leistungsaustausch beteiligten Kostenstellen.

Es ergibt sich folgendes System linearer Gleichungen:

$$x_1 \cdot q_1 = K_{p1} + x_{11} \cdot q_1 + x_{21} \cdot q_2 + x_{31} \cdot q_3 \ldots + x_{m1} \cdot q_m$$

$$x_2 \cdot q_2 = K_{p2} + x_{12} \cdot q_1 + x_{22} \cdot q_2 + x_{32} \cdot q_3 \ldots + x_{m2} \cdot q_m$$

$$\cdot$$
$$\cdot$$
$$\cdot$$

$$x_m \cdot q_m = K_{pm} + x_{1m} \cdot q_1 + x_{2m} \cdot q_2 + x_{3m} \cdot q_3 \ldots + x_{mm} \cdot q_m$$

Nachstehende Tabelle[50]) gibt ein Mengengerüst der Leistungen von Hilfskosten-stellen wieder, aus dem die bekannten Primärkosten der Hilfskostenstellen nach dem Gleichungssystem der Verrechnungssätze für die Leistungseinheit zu be-stimmen sind:

---

[50]) Entnommen Kilger, W.: Betriebliches Rechnungswesen, a. a. O., S. 874.

Abgebende Kostenst. \ Empfangend Kostenst.	Mengeneinheiten						Sa. Leistungseinheiten
	Hilfs-Ko.St. 1	Hilfs-Ko.St. 2	Hilfs-Ko.St. 3	Hilfs-Ko.St. 4	Hilfs-Ko.St. 5	Sa. Haupt-Ko.St.	
Hilfs-Ko.St. 1	—	10	150	80	320	1 040	1 600
Hilfs-Ko.St. 2	—	—	300	480	620	4 550	5 950
Hilfs-Ko.St. 3	50	10	—	130	90	1 890	2 170
Hilfs-Ko.St. 4	60	—	180	30	200	2 010	2 480
Hilfs-Ko.St. 5	35	10	110	60	—	1 025	1 240
Sa. Primäre Kosten	3 892	432	11 377	12 683	5 931	—	—

Tabelle 12

Das Gleichungssystem lautet:

$$1\,600\ q_1 = 3\,892 \qquad\qquad\qquad + 50\ q_3 + 60\ q_4 + 35\ q_5$$
$$5\,950\ q_2 = 432 + 10\ q_1 \qquad\qquad + 10\ q_3 \qquad\qquad + 10\ q_5$$
$$2\,170\ q_3 = 11\,377 + 150\ q_1 + 300\ q_2 \qquad\qquad + 180\ q_4 + 110\ q_5$$
$$2\,480\ q_4 = 12\,683 + 80\ q_1 + 480\ q_2 + 130\ q_3 + 30\ q_4 + 60\ q_5$$
$$1\,240\ q_5 = 5\,931 + 320\ q_1 + 620\ q_2 + 90\ q_3 + 200\ q_4$$

Als Lösungswerte erhält man nachfolgende Verrechnungssätze:

Hilfskostenstellen	I	II	III	IV	V
Verrechnungssatz je Leistungseinheit in DM	3,—	0,10	6,30	5,80	7,—

Die mit Hilfe dieser Verrechnungswerte durchgeführte Leistungsverrechnung ergibt das in Tabelle 13 wiedergegebene Bild.

Hilfskostenstellen	1	2	3	4	5
Sa. Primäre Kosten	3 892	432	11 377	12 683	5 931
Sek. Kostenart 1	—	30	450	240	960
Sek. Kostenart 2	—	—	30	48	62
Sek. Kostenart 3	315	63	—	819	567
Sek. Kostenart 4	348	—	1 044	174	1 160
Sek. Kostenart 5	245	70	770	420	—
Sa. Sekundäre Kosten	908	163	2 294	1 701	2 749
Sa. Gesamt-Kosten	4 800	595	13 671	14 384	8 680

Tabelle 13

Die Gesamtkostenbeträge, — dividiert durch die von den einzelnen Hilfskostenstellen insgesamt erzeugten Leistungsmengen — ergeben die oben angeführten Verrechnungssätze.

Zur Kritik[51]) am Gleichungssystem kann gesagt werden, daß die Ermittlung von Istkostenverrechnungssätzen zwar die Kosten eines innerbetrieblichen Leistungsaustausches exakt berücksichtigt, aber für die Kostenkontrolle in Normal- und Plankostensystemen nur bedingt brauchbar ist. Letztere verrechnen in den monatlichen Abrechnungen Normal- und Planverrechnungssätze zur Bewertung von Istverbrauchsmengen an innerbetrieblichen Leistungen, da bei einer reinen Istkostenüberwälzung Beschäftigungsschwankungen und Unwirtschaftlichkeiten auf Kostenstellen überwälzt werden, die von den Kostenstellen nicht zu vertreten sind. Sie sind bei vorgegebenem Sollmengenverbrauch an Produktionsfaktoren nur für die Mengenschwankungen verantwortlich.

b) Näherungsverfahren

ba) Stufenleiter- oder Treppenverfahren (stepp-leader-Verfahren)

In vielen Betrieben werden statt des Gleichungsverfahrens — das nur mit EDV-Anlagen einfach durchführbar ist — Näherungsverfahren angewandt.

Wenn in Betrieben laufend Eigenleistungen produziert werden (eigene Stromerzeugung, Reparaturabteilung, Wasserwerk, Arbeitsvorbereitung) ist es sinnvoll, hierfür Allgemeine (Hilfs)Kostenstellen und Bereichshilfskostenstellen zu bilden, denen die von ihnen verursachten Kosten belastet werden, die später im Rahmen der innerbetrieblichen Leistungsverrechnung auf die leistungsempfangenden Haupt- und Hilfskostenstellen umgelegt werden.

Um den Fehler der ermittelten Verrechnungssätze in möglichst engen Grenzen zu halten, müssen die Kostenstellen so angeordnet werden, daß jede Kostenstelle möglichst nur Kosten von vorgelagerten Stellen erhält und an nachgelagerte Stellen abgibt.

Bei so geordneten Kostenstellen (z. B. im BAB s. Kap. 7.3.) erfolgt zuerst die Umlage der primären Kosten der ersten allgemeinen Kostenstelle auf alle nachfolgenden Kostenstellen[52]), bei homogenen Leistungen der Kostenstellen Heizung: nach Menge der von den nachgelagerten Kostenstellen verbrauchten Wärmeeinheiten; bei mengenmäßig nicht erfaßbaren Leistungen, z. B. Kostenstelle Gebäude: mit summarischen Schlüsseln[53]). Danach wird die zweite Kostenstelle, die jetzt bereits sekundäre Kosten enthält und alle weiteren allgemeinen Kostenstellen umgelegt. Sind alle allgemeinen Kostenstellen umgelegt, werden die Kosten der Bereichshilfskostenstellen auf die zugehörigen Hauptkostenstellen verteilt.

---

[51]) Vgl. Haberstock, L.: a. a. O. S. 140 f.
[52]) Vgl. BAB Kap. 7.3.
[53]) Vgl. Kap. 7.3 S. 64: Verteilungsschlüssel, z. B. m² Fläche.

Bei Verwendung der obigen Symbole lauten die Verrechnungssätze in allgemeiner Form:

$$q_1 = \frac{K_{p1} + (x_{11} \cdot q_1 + x_{21} \cdot q_2 + x_{31} \cdot q_3 \ldots + x_{m1} \cdot q_m)}{x_1 - x_{11}}$$

Gesamterzeugungsmenge
Eigenverbrauch

$$q_2 = \frac{K_{p2} + x_{12} \cdot q_1 (+ x_{22} \cdot q_2 + x_{32} \cdot q_3 + \ldots + x_{m2} \cdot q_m)}{x_2 - x_{21} - x_{22}}$$

$$q_m = \frac{K_{pm} + x_{1m} \cdot q_1 + x_{2m} \cdot q_2 + \ldots x_{m-1, m} \cdot q_{m-1} (+ x_{mm} \cdot q_m)}{x_m - x_{m1} - x_{m2} - \ldots - x_{mm}}$$

Nach den Voraussetzungen des Stufenleiterverfahrens, das die Kostenstellen so anordnet, daß die Hilfskostenstellen möglichst wenig oder keine Kosten von nachgelagerten Kostenstellen empfangen, können die in Klammern gesetzten Ausdrücke vernachlässigt werden. Je mehr die Kostenstellenanordnung den angegebenen Voraussetzungen entspricht — nämlich dem tatsächlichen Leistungsaustausch — um so geringer wird der Fehler in den Verrechnungssätzen.

Nachfolgende Tabelle[54] gibt die Ergebnisse einer innerbetrieblichen Leistungsverrechnung wieder, dem das gleiche Mengengerüst wie beim Gleichungsverfahren (Tabelle 12) und die gleiche Anordnung der Hilfskostenstellen zugrunde liegt.

$$q_1 = \frac{K_{p1}}{x_1 - x_{11}} = \frac{3892}{1600 - 0} = 2,43 \text{ DM/Leistungseinheit}$$

$$q_2 = \frac{K_{p2} + x_{12} \cdot q_1}{x_2 - x_{21} - x_{22}} = \frac{432 + (10 \cdot 2,43)}{5950 - 0 - 0} = 0,0766 \text{ DM/Leistungseinheit}$$

Hilfskostenstellen	1	2	3	4	5
Sa. Primäre Kosten	3 892	432	11 377	12 683	5 931
Sek. Kostenart 1	—	24	365	194	778
Sek. Kostenart 2	—	—	23	37	47
Sek. Kostenart 3	—	—	—	725	502
Sek. Kostenart 4	—	—	—	—	1 234
Sek. Kostenart 5	—	—	—	—	—
Sa. Sekundäre Kosten	—	24	388	956	2 562
Sa. Gesamtkosten	3 892	456	11 765	13 639	8 492
Verrechnete Leistungseinheiten	1 600	5 950	2 110	2 210	1 025
Verrechnungssätze	2,43	0,0766	5,58	6,17	8,28

Tabelle 14

---

[54] Entnommen Kilger, W.: Betriebliches Rechnungswesen, a. a. O. S. 875.

Auch beim Stufenleiterverfahren entstehen die Fehler, die jeder Istkostenrechnung anhaften und eine wirksame Kostenkontrolle in Frage stellen. Da es relativ leicht — auch ohne EDV — durchzuführen ist, ist es in der Praxis sehr gebräuchlich.

bb) Das Anbauverfahren

Beim Anbauverfahren wird der Leistungsaustausch der allgemeinen Kostenstellen und Bereichshilfskostenstellen vernachlässigt. Auf den Hilfskostenstellen entstehen **nur** primäre und keine sekundären Gemeinkosten.

Der Verrechnungssatz in allgemeiner Form beim Anbauverfahren wird ermittelt durch die Division der primären Kosten einer Hilfskostenstelle j durch die gesamte Menge aller erzeugten Leistungseinheiten, vermindert um die an andere Hilfskostenstellen geleisteten Einheiten.

$$q_j = \frac{K_{pj}}{x_j - \sum\limits_{i=1}^{m} x_{ij}} \qquad \begin{array}{l} \longrightarrow \text{(primäre Kosten)} \\[2ex] \longrightarrow \text{an Hauptkostenstellen} \\ \text{gelieferte Leistungseinheiten} \end{array}$$

Nach dem Mengengerüst der Tabelle 12 ergeben sich für das Anbauverfahren folgende Verrechnungssätze:

$$q_1 = \frac{K_{p1}}{x_1 - x_{11} - x_{12} - x_{13} - x_{14} - x_{15}} = \frac{3892}{1600 - 10 - 150 - 80 - 320}$$
$$= 3{,}74 \text{ DM/Leistungseinheit}$$

$$q_2 = \frac{K_{p2}}{x_2 - x_{21} - x_{22} - x_{23} - x_{24} - x_{25}} = \frac{432}{5950 - 300 - 480 - 620}$$
$$= 0{,}094 \text{ DM/Leistungseinheit}$$

$$q_3 = \qquad\qquad\qquad\qquad = \frac{11\,377}{1890}$$
$$= 6{,}02 \text{ DM/Leistungseinheit}$$

$$q_4 = \qquad\qquad\qquad\qquad = \frac{12\,683}{2010}$$
$$= 6{,}31 \text{ DM/Leistungseinheit}$$

$$q_5 = \qquad\qquad\qquad\qquad = \frac{5931}{1025}$$
$$= 5{,}78 \text{ DM/Leistungseinheit}$$

Da das Anbauverfahren den innerbetrieblichen Leistungsaustausch zwischen den Hilfskostenstellen nicht berücksichtigt, kann es zu groben Ungenauigkeiten bei den Verrechnungssätzen für Hilfsleistungen kommen, die neben den Mängeln einer Istkostenrechnung zusätzliche Verzerrungen der Kalkulationssätze der Hauptkostenstellen bewirken kann. Ist der Leistungsaustausch der Hilfskostenstellen untereinander größeren Ausmaßes, wird das Anbauverfahren kostenrechnerisch unbrauchbar.

Nachfolgende Tabelle stellt in einer Übersicht die rechnerischen Ergebnisse der drei Verfahren einander gegenüber.

	Gleichungs- verfahren	Stufenleiter- verfahren	Anbau- verfahren
Hilfskostenstelle I DM/LE	3,—	2,43	3,74
„ II „	0,10	0,0766	0,094
„ III „	6,30	5,58	6,02
„ IV „	5,80	6,17	6,31
„ V „	7,00	8,28	5,78

Tabelle 15

Aus Gründen der Rechnungsvereinfachung verwendet man an Stelle der Ist-kostenverrechnungssätze Normalkostensätze, die aus durchschnittlichen Ist-kosten der Vergangenheit gebildet werden und zu Über- und Unterdeckungen auf den Kostenstellen zwischen verrechneten Durchschnittskosten und entstandenen Istkosten führen. Durch die Verwendung von Normalkostensätzen werden Zufallsschwankungen, wie sie bei Verwendung von Istkostenverrechnungssätzen vorkommen, vermieden und die Kalkulationsergebnisse verbessert.

7.5. Kalkulationssätze der Hauptkostenstellen

Nach Durchführung der innerbetrieblichen Leistungsverrechnung sind alle Hauptkostenstellen mit primären und sekundären Gemeinkosten belastet, die auf die Produkte umgelegt werden müssen. Hierzu werden in der Istkosten-rechnung im BAB Kalkulationssätze gebildet, die eine Verteilung der Gemein-kosten nach dem Verursachungsprinzip ermöglichen sollen.

Zur Bildung von Kalkulationssätzen werden die Kosten der Hauptkostenstelle auf eine Bzeugsgröße — die Maßgröße der Kostenverursachung — bezogen.

$$\text{Kalkulationssatz einer Kostenstelle} = \frac{\text{Gemeinkosten einer Kostenstelle}}{\text{Bezugsgröße der Kostenstelle}}$$

Die Bezugsgrößeneinheiten können sein: (vgl. hierzu S. 64) Mengen- (DM/kg, usw.), Wert- (DM/DM = %) oder Zeiteinheiten DM/Std.

Man unterscheidet ferner nach dem angewandten Kostenrechnungssystem: Ist-, Normal- und Plankalkulationssätze auf Vollkostenbasis und Grenzkalkulations-sätze bei Grenzplankostenrechnung[55].

Die Schwierigkeiten bei der Ermittlung richtiger Kalkulationssätze liegen im Finden richtiger Bezugsgrößen, die einen genauen Maßstab für die Kostenver-ursachung ergeben.

---

[55] Vgl. Haberstock, L., a. a. O., S. 152.

Immer dann, wenn es möglich ist, die Kosten einer Kostenstelle auf eine einzige Bezugsgröße zu beziehen, verhalten sich alle Gemeinkostenarten der Kostenstelle proportional zu der Bezugsgröße, z. B. die Gemeinkosten eines Handarbeitsbetriebes zu den Fertigungslöhnen. Besonders im Fertigungsbereich gibt es Kostesntellen, die es nicht zulassen, die Gemeinkosten auf nur eine Bezugsgröße zu beziehen, da die Kostenverursachung heterogener Art ist. Um genaue Kalkulationsergebnisse zu erzielen, müssen mehrere Bezugsgrößen verwendet werden, z. B. besteht Abhängigkeit der Kosten vom Fertigungslohn und den Maschinenlaufstunden.

7.5.1. Die Kalkulationssätze der einzelnen Betriebsbereiche

Die „Kalkulationssätze" der Kostenstelle des **Allgemeinen Bereichs.**

Da es sich um Hilfskostenstellen handelt, die in keiner direkten Beziehung zum Kostenträger stehen, werden ihre Gemeinkosten dem Kostenträger indirekt über die Hauptkostenstellen zugerechnet. Die Problematik der innerbetrieblichen Verrechnungssätze wurde weiter oben eingehend behandelt.

Bei der Ermittlung der **Kalkulationssätze des Materialbereichs** ist es schwierig, exakte Maßgrößen der Verursachung zu finden. Häufig werden die Materialeinzelkosten als Bezugsgrundlage gewählt. Im Beispiel des BAB s. Kap. 7.3. ist es das Fertigungsmaterial in Höhe von 32 000 DM. Der Zuschlagssatz beträgt:

$$\frac{1600}{32\,000} \cdot 100 \; = \; 5\,\%$$

Eine Verfeinerung wird erzielt, wenn man die Materialgemeinkosten differenzieren kann in einen mengenabhängigen Teil und einen wertabhängigen Teil[56] oder die Kostenstellengliederung nach Werkstoffarten in Lager 1, 2, 3 usw. durchführt.

Kalkulationssätze des Fertigungsbereichs

In der Regel erleichtert die weitgehende Untergliederung des Fertigungsbereichs in Kostenstellen und Kostenplätze das Finden geeigneter Bezugsgrößen für die Kostenverursachung. Neben den Fertigungslöhnen sind es Maschinenstunden, Fertigungsstunden, Durchsatzgewichte usw., die eine hinreichend genaue Zurechnung von Gemeinkosten auf die Kostenträger ermöglichen.

Im Beispiel des BAB werden die Fertigungsgemeinkosten der Fertigungshauptstellen auf die in der Periode angefallenen Fertigungseinzellöhne bezogen.

Zur besseren Kontrolle und zur Erhöhung der Kalkulationsgenauigkeit werden Kostenstellen des Fertigungsbereichs bis hinunter zu einzelnen Arbeitsplätzen zerlegt. Diese sogenannte Platzkostenrechnung[57] vergleiche Tabelle 16 — er-

---

[56] Vgl. Haberstock, L., a. a. O., S. 155.
[57] Vgl. Tabelle 16, entnommen Haberstock, L., a. a. O., S. 155.

möglicht es, die Gemeinkosten genau[58]) der Inanspruchnahme durch Kostenträger entsprechend zuzurechnen. Ein gemeinsamer Zuschlagssatz Schweißerei würde in der Kalkulation bei unterschiedlicher Inanspruchnahme der Automaten und Handarbeitsplätze zu unrichtigen Kalkulationsergebnissen führen[59]).

Platzkostenrechnung[60])

Kostenarten	Ver-teilung	Schweißerei Kostenplätze			
		I Automat 1	II Automat 2	III Hand-arbeits-platz 1	IV Hand-arbeits-platz 2
Fertigungslöhne	dir.	1200,—	1400,—	2600,—	3600,—
Hilfslöhne	indir.	180,—	210,—	390,—	540,—
Abschreibung	dir.	2000,—	3050,—	200,—	400,—
Kraftstrom	dir.	600,—	800,—	100,—	100,—
Lichtstrom	indir.	50,—	50,—	50,—	50,—
Betriebsstoffe	dir.	800,—	400,—	300,—	200,—
Gehälter	indir.	60,—	70,—	130,—	180,—
Miete	indir.	400,—	400,—	400,—	400,—
Zinsen	dir.	500,—	620,—	30,—	30,—
Kostensumme		5790,—	6800,—	4200,—	5500,—
Bezugsgröße		150 (Masch. Std.)	120 (Masch. Std.)	300 (Fert.Std.)	20 000 (Stck.)
Kalkulationssatz		38,60 (DM/Std.)	56,66 (DM/Std.)	14,— (DM/Std.)	0,275 (DM/Stck.)

Tabelle 16

Kalkulationssätze des Verwaltungsbereichs

Die Bildung von Zuschlagssätzen für Verwaltungsstellen, unter Beachtung des Verursachungsprinzips, ist kaum möglich, da

1. der überwiegende Teil der Verwaltungsgemeinkosten Fixkostencharakter hat, und

2. Maßgrößen, die eine Beziehung zwischen den Verwaltungskosten und den Produkten des Betriebes ergeben, nicht zu finden sind.

In der Praxis werden die gesamten Herstellkosten als Bezugsgröße verwendet, um die Verwaltungsgemeinkosten auf die Kostenträger zu verteilen. Im Beispiel des BAB betragen die Herstellkosten 91 300 und der Verwaltungsgemeinkostenzuschlagssatz (2180 : 91 300) · 100 = 2,39 %.

---

[58]) Genauigkeit ist hier immer in dem Sinne zu verstehen, daß Kalkulationssätze auf Vollkostenbasis immer das Problem der Fixkostenproportionalisierung beinhaltet.

[59]) Vgl. hierzu Kap. 8.2.2. Zuschlagskalkulation.

[60]) Tabelle entnommen Haberstock, L.: Kostenrechnung, a. a. O., S. 155.

Kalkulationssätze des Vertriebsbereichs

Auch im Vertriebsbereich werden — wie im Verwaltungs- und Materialbereich — häufig die primären und sekundären Gemeinkosten mehrerer Vertriebskostenstellen zusammengefaßt und ein einheitlicher Zuschlagssatz gebildet auf der Basis der Bezugsgröße: Herstellkosten der Periode oder Herstellkosten der umgesetzten Erzeugnisse. Im BAB Kap. 7.3. beträgt der Vertriebsgemeinkostenzuschlag auf der Basis der Herstellkosten der Periode: $(1890 : 91\,300) \cdot 100 = 2,07\,\%$. Hat der Betrieb verschiedene Verkaufsabteilungen, die Unterschiede in der Lagerdauer der Fertigprodukte, Verpackung, Werbung, Transport, Fakturierung usw. aufweisen, ist es sinnvoll, für jede Hauptkostenstelle des Vertriebes einen eigenen Zuschlagssatz zu ermitteln, um die Erzeugnisse verursachungsgerecht mit Vertriebsgemeinkosten zu belasten.

8. Kostenträgerrechnung — Kalkulation

8.1. Wesen und Aufgaben

Die Kostenträgerrechnung verrechnet die Kosten auf die Leistungen und ist das Ziel der Kostenrechnung. Die Kostenträgerrechnung ermittelt **welche Kostenarten wofür** angefallen sind.

Kostenträger sind die Leistungen des Betriebes: Absatzleistungen einschließlich Lagerleistungen und innerbetriebliche Leistungen (siehe Schema S. 66). Werden die nach Leistungsarten gegliederten Kosten einer **Periode** erfaßt, spricht man von **Kostenträgerzeitrechnung** (Betriebsergebnisrechnung, kurzfristige Erfolgsrechnung). Sie werden in Kapitel 9 behandelt.

In der **Kostenträgerstückrechnung** (Kalkulation im eigentlichen Sinne) werden die Herstellkosten bzw. Selbstkosten pro **Leistungseinheit** ermittelt.

Sowohl Kostenträgerstück- und Kostenträgerzeitrechnung können nachträglich oder für eine zukünftige Abrechnungsperiode durchgeführt werden.

Nach dem **Zeitpunkt der Durchführung** der Rechnung unterscheidet man eine Vor-, Zwischen- und Nachkalkulation[61].

Je nach dem angewandten Kostenrechnungssystem können die Kalkulationsverfahren auf Basis von **Voll-** oder **Teilkosten** durchgeführt werden.

Als **Aufgaben**[62] der Kalkulation werden genannt:

- Unterlagen für die Angebotskalkulation,
- Unterlagen für die Bestimmung kurz- und langfristiger Preisuntergrenzen,
- Unterlagen für die Planungsrechnung

zu liefern.

---

[61] Vgl. S. 4.

[62] Vgl. hierzu Kilger, W., Betriebliches Rechnungswesen; a. a. O., S. 882; ferner Wöhe, G., a. a. O., S. 680 f.

● Herstellkosten für die Bewertung von Halb- und Fertigfabrikaten und aktivierte Eigenleistungen,

● Selbstkosten für die Ermittlung von Gewinnbeiträgen einzelner Produktgruppen und der Verkaufssteuerung zu ermitteln.

Wenn auch kein Zweifel daran besteht, daß eine Verrechnung von fixen Stückkosten auf die Kostenträgereinheit zu schwerwiegenden Kalkulationsfehlern führen kann, wird in der Praxis überwiegend mit Vollkosten in der Kalkulation gearbeitet. Wenn eine Kalkulation dem Verursachungsprinzip gerecht werden soll, dürfen nur proportionale Kosten verrechnet werden, die von den Kostenträgern verursacht wurden. Daraus folgert, daß nur eine Grenzkostenrechnung richtige Ergebnisse liefert.

8.2. Kalkulationsverfahren

Die in Theorie und Praxis entwickelten Kalkulationsverfahren lassen sich in zwei größere Verfahrensgruppen zusammenfassen:

Verfahren der Divisionskalkulation,

Verfahren der Zuschlagskalkulation,

(Verfahren der Kuppelproduktkalkulation).

8.2.1. Divisiionskalkulation

8.2.1.1. einstufige Divisionskalkulation

a) R e c h e n t e c h n i k

$$\frac{\text{Gesamtkosten einer Rechnungsperiode}}{\begin{array}{c}\text{Anzahl der Leistungseinheiten}\\ \text{der gleichen Periode}\end{array}} = \text{Selbstkosten der Leistungseinheit}$$

$$\frac{K}{x} = k$$

b) A n w e n d u n g s f a l l   u n d   V o r a u s s e t z u n g e n :

Ein-Produkt Betriebe: Alle Kostenträger nehmen das gesamte Kostenfeld einheitlich in Anspruch. Alle Kosten verhalten sich proportional zu den erstellten Leistungseinheiten. Ferner kann ein richtiges Ergebnis nur vorliegen, wenn der Absatz = der Produktion d. h. keine Halbfabrikate erzeugt, bzw. keine Bestandsveränderungen an Halb- und Fertigfabrikatenbeständen entstehen. Da alle Voraussetzungen selten erfüllt sind, ist die einfache Divisionskalkulation in der Praxis selten möglich.

c) B e i s p i e l e : Ziegeleien und Betonherstellung mit nur einer Erzeugungsart; Brauereien ohne Nebenbetriebe mit nur einer Biersorte[63]); Rübenzuckergewinnung; Elektrizitätswerke; bestimmte Grundstoffindustrien oder die Stückkostenermittlung einzelner Teilbetriebe z. B. Eisenschmelze.

8.2.1.2. Zweistufige Divisionskalkulation

a) R e c h e n t e c h n i k :

$$\frac{\text{Gesamte Herstellkosten der Periode}}{\text{Anzahl der Leistungseinheiten der Periode}} + \frac{\text{Gesamte Vertriebs- und Verwaltungskosten der Periode}}{\text{abgesetzte Leistungseinheiten der Periode}}$$

$$= \text{Selbstkosten der Leistungseinheit}$$

oder: Stückherstellkosten + Stückverwaltungs- und Vertriebskosten

$$k = k_H \qquad + (k_{V_W} + k_{V_t})$$

b) A n w e n d u n g s f a l l u n d V o r a u s s e t z u n g :

Absatz $\neq$ Produktion; es treten Lagerbestandsveränderungen an Fertigfabrikaten auf; die auf Lager gehenden Fertigfabrikate, die in der gleichen Periode nicht abgesetzt werden, werden zu Herstellkosten bewertet. Nur die verkauften Leistungseinheiten werden mit Vertriebs- und Verwaltungskosten[64]) belastet. Einfache Kostenstellenrechnung notwendig (Fertigungsbereich, Verwaltungs- und Vertriebsbereich); Massenproduktion nur eines Erzeugnisses.

c) B e i s p i e l : wie unter 8.2.1.1. jedoch Änderungen der Bestände an Fertigfabrikaten möglich.

R e c h e n b e i s p i e l :

Produktion in der Periode	20 000 DM
Absatz in der Periode	10 000 DM
Gesamtkosten in der Periode	500 000 DM
davon Herstellkosten	400 000 DM
Verwaltungs- und Vertriebskosten	100 000 DM

$$k = \frac{400\,000}{20\,000} + \frac{100\,000}{10\,000} = 20 + 10 = 30 \text{ DM}$$

---

[63]) Vgl. Löffelholz, Josef, Repetitorium der Betriebswirtschaftslehre, Wiesbaden 1966, S. 661.

[64]) Besser wäre, anteilige Verwaltungskosten (für technische Verwaltung) in die Herstellkosten der Lagererzeugnisse einzubeziehen und die kaufmännischen Verwaltungskosten auf die abgesetzten Erzeugnisse zu verrechnen. Vgl. auch Haberstock, L., a. a. O., S. 165, Anmerkung 2.

8.2.1.3. Mehrstufige Divisionskalkulation

a) R e c h e n t e c h n i k

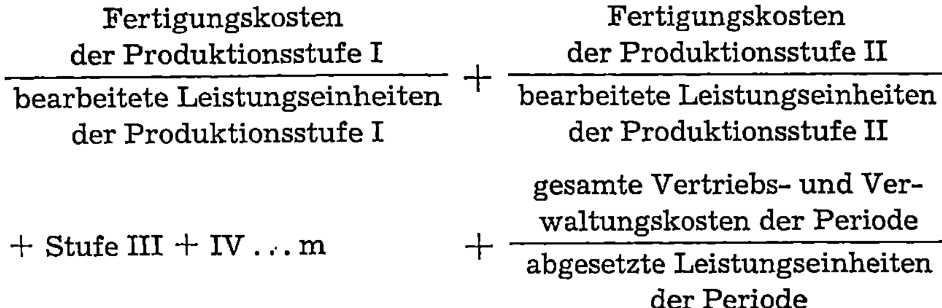

$$\frac{\text{Fertigungskosten der Produktionsstufe I}}{\text{bearbeitete Leistungseinheiten der Produktionsstufe I}} + \frac{\text{Fertigungskosten der Produktionsstufe II}}{\text{bearbeitete Leistungseinheiten der Produktionsstufe II}}$$

$$+ \text{Stufe III} + \text{IV} \ldots \text{m} \quad + \frac{\text{gesamte Vertriebs- und Verwaltungskosten der Periode}}{\text{abgesetzte Leistungseinheiten der Periode}}$$

$$= \text{Selbstkosten der Leistungseinheit}$$

$$k = \frac{K_{F1}}{x_{p1}} + \frac{K_{F2}}{x_{p2}} \ldots + \frac{K_{Fm}}{x_{pm}} + \frac{K_{vw} + K_{vt}}{x_a} \quad ^{65)}$$

$$
\begin{aligned}
K_F &= \text{Fertigungskosten der Produktionsstufe} \\
K_{vw} &= \text{Verwaltungsgemeinkosten der Periode} \\
K_{vt} &= \text{Vertriebsgemeinkosten der Periode} \\
x_p &= \text{Produzierte Menge} \\
x_a &= \text{abgesetzte Menge}
\end{aligned}
$$

b) A n w e n d u n g s f a l l u n d V o r a u s s e t z u n g e n

Die mehrstufige Divisionskalkulation findet Anwendung in Betrieben mit mehreren vertikalen Produktionsstufen, wenn in jeder Stufe wechselnde und verschiedene Mengen hergestellt werden, so daß Zwischenlager als Puffer zwischen den einzelnen Produktionsstufen entstehen, oder wenn nach jeder Produktionsstufe ein Teil der Halbfabrikate an den Markt abgegeben (oder auch zugekauft) werden.

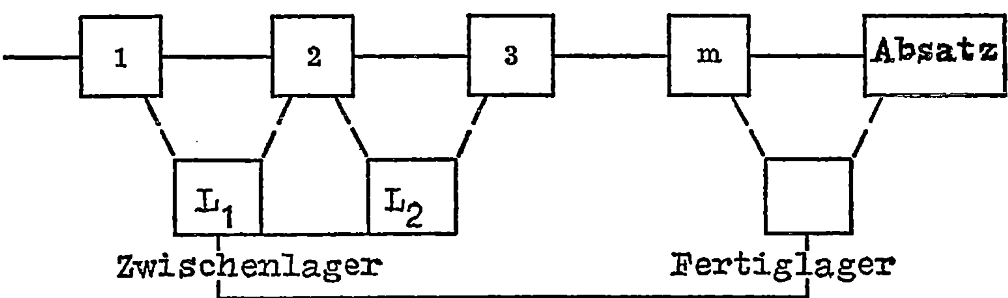

Das Kostenfeld Betrieb ist in Kostenbereiche und der Kostenbereich Fertigung in entsprechende Kostenstellen unterteilt, wobei die Kostenstellen mehrere Produktionsstufen oder nur ein Teil einer Produktionsstufe sein können.

[65)] Vgl. Kilger, W., a. a. O., S. 890 f.

Bei dieser stufenweise sich wiederholenden Divisionskalkulation werden die verkauften Halbfertigfabrikate auf Grund der Kostensummen der einzelnen Produktionsstufen mit anteiligen Verwaltungs- und Vertriebsgemeinkosten belastet oder andere geeignete Schlüssel zur Umlage verwendet.

Werden die Kosten des Einzelmaterials aus den Fertigungskosten jeder Produktionsstufe (Kostenstelle) gesondert den Kostenträgern (direkt) zugerechnet, lautet die Formel:

$$k = e_m + \frac{K_{F1}}{x_{p1}} \dots + \frac{K_{Fm}}{x_{pm}} + \frac{K_{vw} + K_{vt}}{x_a}$$

Diese Art der Stufenrechnung wird als **Veredelungsrechnung** bezeichnet.

Die für die Massenproduktion typischen Verfahren der Divisionskalkulation dienen **nicht** in erster Linie der Preisbestimmung, sondern der Kontrolle der Betriebsgebarung. Wenn das Kostenfeld Betrieb in Kostenstellen (zweistufige und mehrstufige DK) aufgeteilt und zusätzlich eine Trennung der Kosten in fixe und proportionale Bestandteile vorgenommen wird, (Eleminierung der Beschäftigungsschwankungen), dann spiegeln die Ergebnisse die innerbetrieblichen Einflüsse wieder und gewähren eine aussagekräftige Kontrolle.

Für Zwecke der Preiskalkulation werden die Fixkosten durch die Normalzahl der Leistungseinheiten dividiert (einmalig) und den Proportionalkosten hinzugerechnet. Voraussetzung: Keine Änderung der Betriebsbereitschaft und der Betrieb kennt seine fixen und proportionalen Kosten.

c) Beispiel[66]) **Mehrstufige** Divisionskalkulation

Stufenkalkulation:

Ein Unternehmen besteht aus drei selbständigen Produktionsstufen, nämlich **Stahlgießerei, Schmiede** und **Mechanische Werkstatt.** Aus der Stahlgießerei und Mechanischen Werkstatt wird z. T. ohne Weiterverarbeitung im eigenen Hause direkt an den Kunden geliefert, z. T. erfolgt jedoch die Weiterverarbeitung in der Mechanischen Werkstatt.

Es sind die Herstellkosten pro Tonne als Basis für den Materialeinsatz in der nächsthöheren Produktionsstufe und die Selbstkosten pro Tonne als Basis für die Beurteilung des Erfolges in jeder Produktionsstufe zu ermitteln, wenn die **Fertigungskosten, Materialeinsätze** und die **produzierten Mengen** pro Periode in den Produktionsstufen gegeben sind. Die Vertriebs- und Verwaltungskosten von 45 000,— DM sollen proportional den Herstellkosten der **verkauften** Produkte aufgeschlüsselt werden.

Fertigungslöhne und -gemeinkosten wurden getrennt erfaßt. Bei der nachfolgenden Tabelle wird spaltenweise vorgegangen, d. h. die Kalkulation in folgender Reihenfolge durchgeführt:

---

[66]) Beispiel entnommen: Zimmermann, W., Erfolgs- und Kostenrechnung, Braunschweig 1971, S. 156.

Kosten/Zeitperiode	Gießerei	Schmiede	Mechan. Werkstatt
1. Materialeinsatz (t)	50	30	15
2. Materialpreis (DM/t)	800	2 500	5 000
3. Materialkosten (DM)	40 000	75 000	75 000
4. Fertigungskosten (DM)	60 000	50 000	75 000
5. Herstellkosten (DM)	100 000	125 000	150 000
6. Produzierte Menge (t)	40	25	12
7. Herstellkosten/Mengeneinheit (DM/t)	2 500	5 000	12 500
8. Verkaufte Mengen (t)	10	10	12
9. Herstellkosten der verkauften Mengen (DM)	25 000	50 000	150 000
10. Vertriebs- und Verwaltungsgemeinkosten (DM)	5 000	10 000	30 000
11. Selbstkosten (DM)	30 000	60 000	180 000
12. Selbstkosten/Tonne Umsatz (DM/t)	3 000	6 000	15 000

Anwendungsfälle: Gemischte Hüttenwerke (mit Hochofen-, Stahl- und Walzwerken, Braunkohlenzechen (mit Grubenbetrieb und Brikettfabrik), Industrie der Steine und Erden (Steinbruch mit Veregelungsbetrieb), Textilindustrie (mit Zwirnerei, Weberei und Färberei).

Tabelle 17

8.2.1.4. Einstufige Äquivalenzziffernrechnung

a) Rechentechnik

① Bildung von Äquivalenzziffern je Sorte.

② Erzeugungsmengen je Sorte x Äquivalenzziffer = Rechnungseinheit je Sorte.

③ Gesamtkosten aller Sorten dividiert durch Summe der Rechnungseinheiten = Kosten der Rechnungseinheit.

④ Kosten der Rechnungseinheit x Rechnungseinheiten pro Sorte = Gesamtkosten pro Sorte.

⑤ Gesamtkosten pro Sorte dividiert durch Erzeugungsmenge je Sorte = Kosten der Erzeugungseinheit pro Sorte.

b) Anwendungsfall und Voraussetzungen

Die Äquivalenzziffernrechnung kann als „gewogene" Divisionskalkulation bezeichnet werden und ist eine der möglichen Formen der **Sortenrechnung**. Sie wird angewendet bei der Kalkulation von Produkten mit hohem Grad innerer Verwandtschaft, z. B. bei Produktion von Blechen und Drähten verschiedener Stärke. Die Produkte ähneln sich stark in ihrer Kostenstruktur. Voraussetzung der Anwendung der einfachen Äquivalenzziffernrechnung ist, daß keine Änderungen der Bestände an Halb- und Fertigfabrikaten entstehen. Das **Problem** der Äquivalenzziffernrechnung liegt in der Ermittlung einer Äquivalenzziffernreihe, die das Kostenverhältnis der einzelnen Produkte auch wirklich richtig wiedergibt.

Folgende Möglichkeiten der Äquivalenzziffernermittlung kommen in Betracht:

① Benutzung technischer Daten bzw. analytischer Kostenuntersuchungen.

② Vorübergehende Anwendung der Zuschlagskalkulation (siehe Kapitel 8.3.).

③ Vorübergehende Produktion jeder einzelnen Sorte hintereinander und Anwendung der einstufigen Divisionskalkulation.

Bei Bestimmung der Äquivalenzziffern wird eine Sorte als **Einheitssorte** bestimmt auf die die anderen Sorten bezogen werden.

c) B e i s p i e l :

Drei Sorten einer Produktion haben eine relativ unterschiedliche Kostenverursachung, die durch Äquivalenzziffern zum Ausdruck gebracht wird.

Sorte A verursacht 20 % mehr Kosten als Sorte B

Sorte C verursacht 20 % weniger Kosten als Sorte B

Sorte B ist die Einheitssorte. Die Äquivalenziffernreihe lautet

    Sorte A   Äquivalenzziffer 1,2
    Sorte B   Äquivalenzziffer 1,0
    Sorte C   Äquivalenzziffer 0,8

Es sollen die Gesamtkosten pro Sorte und Sorteneinheit bestimmt werden, wenn von Sorte A 500, Sorte B 650 und Sorte C 700 Einheiten bei Gesamtkosten für alle Sorten von 362 000 DM hergestellt werden.

Sorten	Äquivalenz-ziffer	Erzeugte Mengen	Rechnungs-einheiten	Selbstkosten je Sorte	Selbstkosten je Sorteneinheit
A	1,2	500	600	120 000	240
B	1,0	650	650	130 000	200
C	0,8	700	560	112 000	160

Summe der Rechnungseinheiten → 1810   362 000 ← Gesamtkosten der Produktion

Kosten der Rechnungseinheit: $\dfrac{362\,000}{1810} = 200$

R e c h e n w e g : vgl. a) Rechentechnik.

8.2.1.5. Die mehrstufige Äquivalenzziffernkalkulation

a) Rechentechnik:

die gleiche wie unter 8.2.1.4., jedoch muß die Rechnung mehrfach durchgeführt werden, wenn z. B. nebeneinander mehrere Äquivalenzziffernreihen bei verschiedenen Kostenstellen aufeinanderfolgender Fertigungsstufen verwendet werden.

b) Anwendungsfall und Voraussetzungen:

Nur dann, wenn die Kostenunterschiede der Sorten mit einer Äquivalenzziffernreihe nicht erfaßbar sind, muß die mehrstufige Äquivalenzziffernkalkulation angewandt werden. Das kann sein, wenn Unterschiede in der Kostenverursachung für Materialkosten, Fertigungskosten und Verwaltungs- und Vertriebskosten vorliegen. Die Voraussetzung keine Halb- und Fertigfabrikatbestandsänderung entfällt hier.

c) Beispiel:

Anwendungsfälle der ein- und mehrstufigen Äquivalenzziffernrechnung sind die Produktion von Blechen und Drähten verschiedener Stärken, Garne verschiedener Qualität, Bier in mehreren Qualitäten, Radiatorenguß in verschiedenen Größen, Zigaretten verschiedener Sorten usw.

Nachfolgend ein Beispiel[67]) der mehrstufigen Äquivalenzziffernkalkulation.

Bestimmen Sie die Selbstkosten der folgenden fünf Erzeugnisse mit Hilfe der zweistufigen Äquivalenzziffernkalkulation. Das Einzelmaterial wird den Sorten direkt zugerechnet. Die Materialgemeinkosten betragen 5 % der Einzelmaterialkosten. Die mit Hilfe von Äquivalenzziffern zu verrechnenden Fertigungskosten fallen in den Fertigungskostenstellen 1 bzw. 2 in Höhe von 40 800 DM bzw. 26 250,— DM an. Die Verwaltungs- und Vertriebsgemeinkosten betragen 10 % der Herstellkosten. Sondereinzelkosten des Vertriebs fallen nicht an. Im übrigen vgl. die in Tabelle 18 zusammengefaßten Daten.

Sorte	Einzelmaterialkosten DM/Stück	Produktmengen	Äquivalenzziffern	
			Ftg.Ko. St. 1	Ftg.Ko. St. 2
1	2,60	3 000	0,70	0,60
2	3,20	3 900	1,00	0,80
3	3,40	6 000	1,20	1,00
4	4,20	2 000	1,25	1,40
5	5,00	1 000	1,30	1,28

Tabelle 18

---

[67]) Entnommen Kilger W., Betriebliches Rechnungswesen, a. a. O., S. 892 f.

Die Selbstkosten der fünf Sorten lassen sich nach folgendem Kalkulationsschema bestimmen:

Sorte	Material-kosten DM/Stück	Einheitsmengen Stück		Fertigungskosten DM/Stück		Herstell-kosten DM/Stück	Selbst-kosten DM/Stück
		Ftg.Ko. St. 1	Ftg.Ko. St. 2	Ftg.Ko. St. 2	Ftg.Ko. St. 1		
1	2,73	2 100	1 800	1,68	1,05	5,46	6,01
2	3,36	3 900	3 120	2,40	1,40	7,16	7,88
3	3,57	7 200	6 000	2,88	1,75	8,20	9,02
4	4,41	2 500	2 800	3,00	2,45	9,86	10,85
5	5,25	1 300	1 280	3,12	2,24	10,61	11,67
Summe	—	17 000	15 000	—	—	—	—

Tabelle 19

Auf die Einheitssorte entfallen 40 800,— DM : 17 000 Stück = 2,40 DM je Stück der Fertigungskostenstelle 1 und 26 250,— DM : 15 000 Stück = 1,75 DM/Stück der Fertigungskostenstelle 2. Die Selbstkosten wurden in Tabelle 19 aus den Herstellkosten durch Multiplikation mit dem Faktor 1,10 ermittelt.

8.2.2. Zuschlagskalkulation

8.2.2.1. Wesen und Anwendungsgebiet

Das Wesen der Zuschlagskalkulation beruht in der **Trennung** von **Einzel-** und **Gemeinkosten** und findet Anwendung in Betrieben mit **Serien** und **Einzelfertigung**, wenn die Kostenstruktur in den Produktionsstufen heterogener Natur ist und sich die Bestände an Halb- und Fertigfabrikaten laufend ändern.

Die Zuschlagskalkulation ist das in der Praxis meist angewandte Verfahren. Es kommt in einer Vielzahl von Variationen — die sich durch die Differenziertheit der verwendeten Zuschlagssätze unterscheiden — vor.

Besondere Bedeutung gewinnt die Auswahl der geeigneten Zuschlagsbasen (Vgl. hierzu Kapitel 7.5.), denn nur hierdurch können bei differenzierter Fertigung verschiedenartiger Kostenträger, die gleichzeitig hergestellt werden und die Kostenstelle in unterschiedlichem Ausmaß in Anspruch nehmen, richtige Kalkulationsergebnisse erzielt werden.

Der Kostenträger ist der einzelne Fertigungsauftrag:

① Auftrag besteht in der Fertigung eines Einzelstücks (z. B. Großmaschinenbua oder Baustellenfertigung = **Einzelfertigung** im engeren Sinne)

② Auftrag besteht in der Fertigung mehrerer gleichartiger Erzeugnisse = **Serienfertigung**.

8.2.2.2. Die summarische Zuschlagskalkulation

Als Zuschlagsbasis der zusammengefaßten — kumulativen — Gemeinkosten des Betriebes werden entweder:

die Einzelmaterialkosten,

die Einzellohnkosten,

oder die gesamten Einzelkosten verwandt.

Diese grobe Kalkulation wird in der Regel dem Proportionalitätsprinzip, das bei Anwendung dieser Kalkulationsmethode Proportionalität von Einzel- und Gemeinkosten bei allen Kostenträgern unterstellt, nicht gerecht. Eine Kostenstellenrechnung für Zwecke der Kalkulation ist bei dieser groben Methode nicht erforderlich. Für Kleinbetriebe ist sie wegen der Einfachheit der Durchführung, trotz Fehlermöglichkeiten, anwendbar[68]).

Werden für Materialgemeinkosten, Verwaltungs- und Vertriebsgemeinkosten und die gesamten Fertigungsgemeinkosten (ohne Kostenstellenunterteilung) gesonderte Zuschlagssätze verwendet, spricht man von **Betriebszuschlagsrechnung — Lohnzuschlagskalkulation.**

Beispiel:

FM Fertigungsmaterial	400	GK Gemeinkosten insgesamt	600
FL Fertigungslohn	800		
EK Einzelkosten	1 200		

a) bezogen auf FM beträgt der Zuschlagssatz in %

$$\frac{600}{400} \times 100 = 150\,\%$$

b) bezogen auf FL beträgt der Zuschlagssatz in %

$$\frac{600}{800} \times 100 = 75\,\%$$

c) bezogen auf EK beträgt der Zuschlagssatz in %

$$\frac{600}{1200} \times 100 = 50\,\%$$

Bei Kalkulation eines Einzelauftrages mit 60 DM Fertigungslohn (FL), 150 DM Fertigungsmaterial (FM), ergeben sich folgende Selbstkosten (SK).

a)			b)		c)		
FM	150 DM		150 DM		150 DM	
GK	225 DM	(150 %)	45 DM	(75 %)	105 DM	(50 %)
FL	60 DM		60 DM		60 DM	
SK	435 DM		255 DM		315 DM	

---

[68]) Vgl. Wöhe, G., a. a. O., S. 685.

8.2.2.3. Die differenzierende Zuschlagskalkulation

Dieses Kalkulationsverfahren verrechnet die Gemeinkosten differenziert nach **Betriebsbereichen, Kostenstellen** oder **Kostenplätzen** nach unterschiedlichen Bezugsgrößen.

Ist die Zuschlagsbasis der nach Kostenstellen differenzierten Gemeinkosten der Fertigungskostenstellen der Fertigungseinzellohn wird das Verfahren als **elektive bzw. differenzierende Lohnzuschlagskalkulation** bezeichnet.

Werden statt der Fertigungseinzellöhne andere Zuschlagsbasen, wie Mengen und Zeitgrößen, Maschinenlaufzeiten, Fertigungszeiten usw. verwendet, bezeichnet man dieses Verfahren als **Bezugsgrößenkalkulation.**

Das allgemeine Schema der differenzierenden Zuschlagskalkulation hat folgendes Aussehen:

Kurzzeichen[69]			
FM		Materialeinzelkosten (Fertigungsmaterial)	
MGK	+	Materialgemeinkosten	Materialkosten
FL	+	Lohneinzelkosten (Fertigungslohn)	
FGK	+	Fertigungsgemeinkosten	
SoKF	+	Sondereinzelkosten der Fertigung	+ Fertigungskosten
			= Herstellkosten
VwGK	+	Verwaltungsgemeinkosten	
VtGK	+	Vertriebsgemeinkosten	
SoKV	+	Sondereinzelkosten des Vertriebes	+ Verwaltungs- und Vertriebskosten
			= Selbstkosten

Schema der differenzierenden Zuschlagskalkulation

Materialeinzelkosten	Materialkosten		
Materialgemeinkosten			
Lohneinzelkosten	Fertigungskosten	Herstellkosten	Selbstkosten
Fertigungsgemeinkosten			
Sondereinzelkosten der Fertigung			
Verwaltungsgemeinkosten			
Vertriebsgemeinkosten			
Sondereinzelkosten des Vertriebs			

Abbildung 17

[69]) Die verwendeten Kurzzeichen sind gebräuchlich, aber nicht allgemeinverbindlich.

Nachfolgend ein Beispiel zur elektiven (differenzierenden) **Lohnzuschlagskalkulation.**

Die Herstellung einer Spezialmaschine, die zwei Fertigungsstufen zu durchlaufen hatte, verursachte folgende Kosten:

	DM		DM
Fertigungsmaterial (FM)	2 400,—		
Materialgemeinkosten (MGK)			
Zuschlag 4 % auf			
Fertigungsmaterial	96,—	Materialkosten	2 496,—
Fertigungslöhne (FL I)			
in F-Kostenstelle I	410,—		
Fertigungsgemeinkosten-			
zuschlag (GK I)			
200 % auf Fertigungs-			
löhne FL I	820,—		
Fertigungslöhne (FL II)			
in F-Kostenstelle II	240,—		
Fertigungsgemeinkosten-			
zuschlag (FGK II)			
50 % auf Fertigungs-			
löhne II	120,—		
Sondereinzelkosten			
der Fertigung (SoKF),			
(Modellkosten)	45,—	+ Fertigungskosten	1 635,—
		= Herstellkosten	4 131,—
Verwaltungs- und			
Vertriebsgemeinkosten			
(VwGK + VtGK)			
10 % der Herstellkosten		+	413,10
Sondereinzelkosten des Vertriebs			
(Spezialtransport)		+	255,90
		= Selbstkosten	4 800,—

Die Nachteile der Zuschlagskalkulation auf Lohnbasis, die in der nicht immer gerechtfertigten Unterstellung von Proportionalität zwischen Fertigungsgemeinkosten und Fertigungslohn bestehen, versucht man durch Anwendung der **Bezugsgrößenkalkulation**[70]) zu beseitigen.

Insbesondere im Fertigungsbereich soll durch Anwendung der **Platzkostenrechnung**[71]) und der Rechnung mit **Maschinenstundensätzen** die Kalkulation verfei-

---

[70]) Auch für die übrigen Kostenbereiche kann differenziert verfahren werden. Vgl. hierzu Kapitel 7.5. Kalkulationszuschläge.

[71]) Vgl. Haberstock, L., a. a. O., S. 178; ferner Plaut/Müller/Medicke, Grenzplankostenrechnung und Datenverarbeitung, München 1968, die Zuschlagssätze von 10 000 % in der Praxis vorgefunden haben.

nert und exakter werden, da Mechanisierung und Automatisierung der Fertigungskostenstellen die Verwendung von Einzellöhnen als Zuschlagsbasis fraglich werden läßt:

> die Einzellöhne verlieren an Bedeutung gegenüber den stark ansteigenden Fertigungsgemeinkosten,
>
> Lohnerhöhungen bedingen eine laufende Anpassung der Zuschlagssätze und Umrechnungen,
>
> geringfügige Erfassungsfehler der Einzellöhne führen zu schwerwiegenden Kalkulationsfehlern, da die Basis Einzellöhne zu schmal ist[72]).

Beispiel einer differenzierenden Bezugsgrößenkalkulation unter Anwendung von Maschinenstundensätzen.

Zur Ermittlung des **Maschinenstundensatzes** : = Kosten, die eine Maschine je Laufstunde erfordert, sind sämtliche maschinenabhängigen Gemeinkosten:

> Abschreibungen,
> Zinsen,
> Instandhaltungskosten,
> Raumkosten,
> Energiekosten, Werkzeug und Schmiermittelverbrauch,

aus den gesamten Gemeinkosten der Kostenstelle herauszurechnen und auf die Maschinenlaufstunden zu beziehen.

Als Bezugsgröße auf die dann noch verbleibenden Restgemeinkotsen werden Einzellöhne gewählt.

Eine Fertigungskostenstelle, die mit Maschinen unterschiedlicher Kostenstruktur ausgestattet ist, soll in 3 Maschinengruppenplätze unterteilt werden, um der unterschiedlichen Inanspruchnahme der Maschinengruppen durch die Kostenträger kalkulatorisch besser gerecht zu werden.

Nachfolgende Übersicht enthält die nach Maschinengruppen getrennten maschinenabhängigen Gemeinkosten, die aus den Gesamtgemeinkosten der Kostenstelle ermittelt wurden.

		Maschinengruppe		
Maschinengruppenabhängige Gemeinkosten		I	II	III
	DM/Periode	8000,—	4800,—	5000,—
Maschinenlaufstunden	Std./Periode	200,—	160,—	200,—
Maschinenstundensatz	DM/Laufstunden	40,—	30,—	25,—
Restgemeinkosten der Fertigungsstelle		10 000,— DM		
Fertigungslöhne		5 000,—		
Restgemeinkostenzuschlag (bezogen auf FL)		200 %		

Tabelle 20

---

[72]) Vgl. hierzu die in der Anmerkung 71) angeführte Literatur.

Beispiel für Berechnung des Maschinenstundensatzes
Maschinengruppe III

Kostenarten			DM/Laufstunde
1. Abschreibung	$\dfrac{96\,000\ \text{DM}}{4\ \text{Jr.} \cdot 2400\ \text{Std.}}$	=	8,—
2. Zinsen	$\dfrac{0,5 \cdot 96\,800 \cdot 8\ \%}{100\ \% \cdot 2400\ \text{Std.}}$	=	1,60
3. Instandhaltung	$\dfrac{18\,800\ \text{DM}}{4\ \text{Jr.} \cdot 2400\ \text{Std.}}$	=	2,—
4. Raumkosten	$\dfrac{20\ \text{m}^2 \times 2,\!- \times 12\ \text{Mon.}}{2400\ \text{Std.}}$	=	0,20
5. Energiekosten	$\dfrac{200\ 1 \cdot 0,72\ \text{DM} \cdot 200\ \text{Std.}}{2400\ \text{Std.}}$	=	12,—
6. Werkzeuge, Schmiermittel	$\dfrac{240\ \text{DM} \times 12}{2400\ \text{Std.}}$	=	1,20
Maschinenstundensatz der Gruppe III			25,—

Anwendungsbeispiel

Fertigungskosten	150,— DM
Restfertigungsgemeinkostenzuschlag 200 %	300,— DM
Maschinengruppe I 5 Std. à 40,— DM	200,— DM
Maschiengruppe II 2,5 Std. à 30,— DM	75,— DM
Maschinengruppe III 6 Std. à 25,— DM	150,— DM
Fertigungskosten	875,— DM

Bei Rechnen mit Maschinenstundensätzen sind im BAB innerhalb des Fertigungsbereichs für einzelne Maschinengruppen gesonderte Spalten vorzusehen, in denen die Anteile der maschinenabhängigen Gemeinkosten an den Gemeinkostenarten einzutragen sind.

Beispiel: **Kostenstelle Fräserei**

Kostenarten	Gemeinkosten Gesamt	maschinenabhängige Gemeinkosten	Rest-Gemeinkosten
Hilfsstoffe	———		———
Betriebsstoffe	———		———
Energiekosten	———	— — — — —	———
Sozialkosten	———		———
Gehälter	———		———
Instandhaltung	———	— — — — —	———
Raumkosten	———	— — — — —	———
Abschreibungen	———	— — — — —	———
Zinsen	———	— — — — —	———
Werkzeuge	———	— — — — —	———
Schmiermittel	———	— — — — —	———

Abbildung 18

8.2.3. Kuppelproduktkalkulationen

8.2.3.1. Restwertmethode (Subtraktionsmethode)

a) R e c h e n t e c h n i k

Herstellkosten der Gesamtproduktion

∕. Erlöse der Nebenprodukte

∕. Weiterverarbeitungskosten der Nebenprodukte

$$= \frac{\text{Herstellkosten der Hauptproduktion}}{\text{Menge des Hauptprodukts}} = \text{Stückherstellkosten des Hauptprodukts}$$

+ anteilige Verwaltungs- und Vertriebsgemeinkosten

= Selbstkosten der Hauptproduktion

b) V o r a u s s e t z u n g e n   u n d   A n w e n d u n g s f a l l[73]

Natürliche oder technische Zwangsläufigkeit lassen aus denselben Einsatzfaktoren Material, im gleichen Produktionsprozeß, verschiedene Produkte anfallen. Die anfallenden Mengenrelationen sind dabei entweder völlig starr oder in gewissen Grenzen variierbar.

---

[73] Vgl. Wöhe, G., a. a. O., S. 686 ff.; Huch, B., Einführung in die Kostenrechnung, Würzburg - Wien 1971, S. 129 ff.

Beispiele der Kuppelproduktion sind der Verkokungsprozeß: Koks, Gas, Benzol, Teer und andere Derivate; der Hochofenprozeß: Roheisen, Schlacke, Gichtgas; Raffinerien erzeugen in verbundener Produktion leichte und schwere Kohlenwasserstoffe.

Da eine **verursachungs**gerechte Verteilung der Kosten auf die Kostenträger nicht möglich ist, wird für **den** Fall der Kuppelproduktion, daß eindeutig ein Hauptprodukt und ein oder mehrere Nebenprodukte erstellt werden, die Restwertmethode angewandt. Das Prinzip ist die Anwendung der Divisionskalkulation auf die Hauptproduktion. Die Kosten der Nebenprodukte werden nicht errechnet.

Beispiel:

H_k der Gesamtproduktion	1	Mill.
∹ Erlös der Nebenprodukte	0,1	Mill.
∹ Verarbeitungskosten der Nebenprodukte	0,010	Mill.
= H_k des Hauptprodukts	0,890	Mill.
dividiert durch Menge des Hauptproduktes	10 000	
= Stückherstellkosten des Hauptproduktes	89,—	DM
+ anteilige Vw — VtGK 10 %	8,90	DM
= Stückselbstkosten des Hauptproduktes	97,90	DM

8.2.3.2. Verteilungsmethode (Äquivalenzmethode)

a) R e c h e n t e c h n i k

formell wie bei der Divisionskalkulation mit Äquivalenzziffern (siehe S. 82 f.).

b) V o r a u s s e t z u n g e n   u n d   A n w e n d u n g s f a l l

Grundsätzlich sind die gleichen Voraussetzungen wie bei der Restwertmethode gegeben, jedoch wird die Verteilungsmethode bei Kuppelproduktionen angewandt, bei denen nicht eindeutig Haupt- und Nebenprodukte unterschieden werden können.

Marktpreise oder technische Maßgrößen[74]) (z. B. Heizwerte für Koks — Gas) dienen als Verteilungsmaßstäbe der Kosten.

c) Auf ein rechnerisches Beispiel sei an dieser Stelle verzichtet, da keine Unterschiede in der Rechentechnik der Divisionskalkulation mit Äquivalenzziffern gegeben sind.

---

[74]) Weitere Verteilungsmaßstäbe führt Henzel, F., an: in Kostenrechnung, in: Bott, Lexikon des kaufmännischen Rechnungswesens, Bd. 3, 2. Aufl., Stuttgart 1956, Sp. 1646, nach Wöhe, G., a. a. O., S. 688.

Kritisch zu den Kalkulationsverfahren der Kuppelproduktion bleibt festzustellen, daß beide Verfahren dem Grundsatz der Kostenverursachung bei der Zurechnung der Kosten auf die Produkte **nicht** gerecht werden. Es werden entweder das Durchschnittsprinzip[75] oder das Kostentragfähigkeitsprinzip angewandt und die Grenzen der Kostenrechnung deutlich sichtbar.

Praktisch wird man so kalkulieren, daß mindestens die Gesamtkosten durch die Gesamterlöse der verbundenen Produktion gedeckt werden.

9. Die kurzfristige Erfolgsrechnung (Kostenträgerzeitrechnung)

9.1. Die Notwendigkeit der kurzfristigen Erfolgsrechnung

In der Kostenträgerstückrechnung (Kalkulation) wurden die Herstellkosten bzw. Selbstkosten der Kostenträger errechnet.

Die Kostenträgerzeitrechnung (kurzfristige Erfolgsrechnung, KER) stellt die Gesamtkosten der Periode den nach Kostenträgern gegliederten Betriebserträgen gegenüber und ermittelt daraus den Betriebserfolg.

$$\text{Betriebserfolg} = \text{Betriebsertrag} \div \text{Kosten}$$

Die Kostenträgerzeitrechnung kann in **kontenmäßiger** Form oder in **statistisch-tabellarischer Form**[76] durchgeführt werden.

Die Notwendigkeit der Durchführung der KER entspricht den Bedürfnissen der Unternehmung, ein Instrument zur **Information, Kontrolle** und **Steuerung** zu besitzen, das über die vom Gesetzgeber einmal jährlich erzwungene Erfolgsrechnung der G u. V hinausgeht und kurzfristig[77] den Erfolg ermittelt.

Die Jahreserfolgsrechnung genügt den angeführten Zielen nicht, da

1. die Zeiträume (einmal jährlich) zu lang sind,
2. keine Trennung in Betriebserfolg und Abgrenzungserfolg durchgeführt wird,
3. die Zielsetzungen nicht betriebsorientiert sind.

Als Ziele der kurzfristigen Erfolgsrechnung nennt Everling[78]

1. Allgemeine Rechenschaftslegung zur Beurteilung getroffener Entscheidungen;
2. Abschätzen der Konsequenzen künftiger Entschlüsse;
3. Lieferung von Unterlagen für die Bemessung einer ergebnisabhängigen Entlohnung;

---

[75] Vgl. hierzu Kapitel 2.2.
[76] Sie wird dann auch als BAB II bezeichnet.
[77] Mit kurzfristig werden alle Zeiträume unter 1 Jahr verstanden.
[78] Everling, W., Kurzfristige Erfolgsrechnung, Stuttgart 1965, S. 13.

4. Lieferung von Unterlagen für die Festsetzung von internen Verrechnungspreisen;

5. Frühzeitiges Erkennen von Strukturwandlungen;

6. Überprüfung der festgelegten externen Preise;

7. Gewinnung der Unterlagen für die pretiale Lenkung;

8. Rechtzeitiges Abschätzen des Jahreserfolges;

9. Material gewinnen für Verhandlungen (z. B. mit Banken);

10. Beobachtung der Liquidität, wenn die kurzfristige Erfolgsrechnung durch eine Bilanz ergänzt wird.

Zur Zweckerreichung dieser Ziele stehen verschiedene Verfahren zur Verfügung, die zwar nicht geeignet sind alle Ziele gleichzeitig, aber Einzelziele, die der Unternehmensleitung vorrangig erscheinen, zu erreichen. Diese Verfahren sind:

a) Gesamtkostenverfahren,

b) Umsatzkostenverfahren,

    ba) auf Vollkostenbasis,

    bb) auf Grenz-(Teil)Kostenbasis.

9.2. Das Gesamtkostenverfahren

Das Gesamtkostenverfahren ist die nach **Kostenarten** gegliederte kurzfristige Erfolgsrechnung, die sich von der Aufwands- und Ertragsrechnung der Finanzbuchhaltung darin unterscheidet, daß statt der Gesamterträge die Betriebserträge und statt der Aufwendungen die Gesamtkosten in die Rechnung eingehen.

Die Formel zur Ermittlung des Betriebserfolges lautet:

$$\text{Betriebserfolg} = \text{Umsatz} \pm \frac{\text{Lagerbestandsveränderungen}}{\text{an Halb- und Fertigfabrikaten}} - \text{Gesamtkosten}$$

Bezeichnet man mit

G_B = Betriebserfolg
U = Umsatz
K = Gesamtkosten der Periode
k = Selbstkosten pro Einheit
k_h = Herstellkosten der Periode
x_p = produzierte Menge der Abrechnungsperiode
x_a = abgesetzte Menge der Abrechnungsperiode
i = Index der Produktart
m = Anzahl der unterschiedlichen Produktarten
j = Index der Kostenartenbeträge ($j = 1, 2, \ldots n$)
p = Preis

dann lautet die Formel:

$$G_B = \sum_{i=1}^{n} x_{ai} \cdot p_i + \sum_{i=1}^{n} (xp_i - xa_i)\, kh_i - \sum_{j=1}^{n} K_j$$

oder

$$G_B = U + \sum_{i=1}^{n} (xp_i - xa_i)\, kh_i - K$$

Die Umsätze stammen aus den Erlöskonten im Haben der Kontenklasse 8. Die Bestandsänderungen werden durch **körperliche** Inventur ermittelt und werden den Umsätzen zu- bzw. abgerechnet, da es für die Erfolgsermittlung der Periode wichtig ist, ob Umsätze getätigt wurden, für die in früheren Perioden Kosten entstanden bzw. ob Kosten entstanden sind, für die noch keine Umsätze getätigt wurden.

Durch die Ermittlung von Bestandsänderungen an Halb- und Fertigfabrikaten läßt sich beides feststellen.

Lagerbestandszunahmen stellen Ertragspositionen dar, Lagerbestandsabnahmen mindern den Betriebserfolg.

Die Gesamtkosten werden aus der Betriebsabrechnung (Klasse 4) in einer Summe oder differenziert nach Kostenarten übernommen.

Das Betriebsergebniskonto (Klasse 9) hat dann folgendes Bild[79]):

Soll	Betriebsergebnis	Haben
Kontenklasse 4		Kontenklasse 8
Gesamtkosten K		Umsatz U
Lagerbestandsabnahme		Lagerbestandszunahme
$\sum_{i=1}^{n} (x_{pi} - x_{ai}) \cdot kh_i$		$\sum_{i=1}^{n} (x_{pi} - x_{ai}) \cdot kh_i$
für $x_{pi} < x_{ai}$		für $x_{pi} > x_{ai}$
(Gewinn)		(Verlust)

K r i t i k des Gesamtkostenverfahrens:

Vorteile: einfache rechnerische Handhabung, läßt sich leicht in das System der doppelten Buchhaltung einbauen,

unter Berücksichtigung der Abgrenzungskonten läßt sich die G u. V-Rechnung aufstellen.

Nachteile: Die für die Erfolgsrechnung notwendigen körperlichen Inventuren bei Mehrproduktunternehmungen sind im laufenden Betriebsprozeß nicht durchführbar.

---

[79]) Vgl. Huch, B., Einführung in die Kostenrechnung, Würzburg - Wien 1971, S. 135.

Zwischen **Kosten-** und **Ertragsgrößen** besteht **keine** Kongruenz;

den nach Kostenarten gegliederten Gesamtkosten stehen nach Produkten bzw. Produktgruppen geordnete Lagerbestandsgrößen und Umsätze gegenüber.

Das Gesamtkostenverfahren läßt **nicht** erkennen, durch welche Produkte der Erfolg der Unternehmung besonders günstig/ungünstig beeinflußt wurde.

Das Gesamtkostenverfahren eignet sich deshalb nur für Betriebe mit einfachem Fertigungsprogramm.

9.3. Das Umsatzkostenverfahren

9.3.1. Das Umsatzkostenverfahren auf Vollkostenbasis

Das Umsatzkostenverfahren ist eine nach **Kostenträgern** gegliederte Erfolgsrechnung, bei dem der Betriebserfolg durch die Gegenüberstellung des Umsatzes mit den für diesen Umsatz angefallenen Kosten ermittelt wird.

Den in der Kalkulation ermittelten Selbstkosten der **verkauften** Kostenträger (Produkte) werden nicht die gesamten Betriebserträge, sondern nur die Erlöse[80] gegenübergestellt. Damit werden die Lagerbestandsänderungen nicht mehr in der Rechnung berücksichtigt. Je nachdem, ob die verkauften Erzeugnisse zu Voll- oder Grenzkosten[81] kalkuliert werden, handelt es sich um ein Umsatzkostenverfahren auf Voll- oder Grenzkostenbasis.

Die Formel[82] zur Bestimmung des Betriebserfolges lautet (unter Verwendung obiger Kurzzeichen)

$$\text{Betriebserfolg} = \text{Umsatz} - \text{Selbstkosten}$$

$$G_B = \sum_{i=1}^{n} x_{ai} \, (p_i - k_i)$$

Das Betriebsergebniskonto hat jetzt folgendes Bild:

Soll	Betriebsergebniskonto	Haben
Kosten		**Umsatz**
Kontenklasse 7		Kontenklasse 8
$\sum_{i=1}^{n} x_{ai} \cdot k_i$		$\sum_{i=1}^{n} x_{ai} \, p_i$
für		
$x_{ai}\, k_i < x_{ai}\, p_i$		$x_{ai}\, k_i > x_{ai}\, p_i$
(Gewinn)		(Verlust)

---

[80] Zum Erlösbegriff vgl. Kap. 5.2.
[81] Die Grenzkosten sind hier gleich den variablen Einzel- und Gemeinkosten.
[82] Kilger leitet diese Formel aus der Erfolgsformel des Gesamtkostenverfahrens ab. Vgl. hierzu Kilger, W., Kurzfristige Erfolgsrechnung, Wiesbaden 1962, S. 37.

Nach der Bestimmungsgleichung des Umsatzkostenverfahrens läßt sich das Betriebsergebnis differenzieren nach Produktarten und -gruppen. Es stehen sich auf dem Betriebsergebniskonto sowohl auf der Kostenseite wie auf der Erlösseite vergleichbare Größen gegenüber: jeweils Selbstkosten und Erlöse der Produkte bzw. Produktgruppen.

K r i t i k des Umsatzkostenverfahrens:

Vorteile:

Neben dem Gesamterfolg des Betriebes kann der Erfolgsbeitrag jedes einzelnen Produkts ermittelt werden.

Die körperliche Inventur[83]) der Halb- und Fertigfabrikate entfällt, dadurch sind monatliche Erfolgsanalysen möglich.

Nachteile:

Bei Mehrproduktunternehmen mit sehr vielen Produktarten ist die produktbezogene Erfolgsrechnung organisatorisch schwierig durchzuführen[84]).

Den gewichtigsten Nachteil sieht Kilger[85]) darin, „daß die zugrunde gelegten Kalkulationen nicht dem Verursachungsprinzip entsprechen, da sie Fixkostenbestandteile enthalten. Die Erfolgsgleichung bringt daher eine ‚Scheinproportionalität' zum Ausdruck, die darin besteht, daß sich wohl die Erlöse, aber nicht auch die Selbstkosten zu den verkauften Produktmengen proportional verhalten. Werden die Verkaufsmengen verändert, so verändern sich die Erlöse (konstante Verkaufspreise vorausgesetzt) in gleicher Weise. Auf der Kostenseite verändern sich aber nur die proportionalen Selbstkosten, solange die Kapazitäten nicht verändert werden. Da sich die fixen Kosten den betrieblichen Produkten nicht nach dem Verursachungsprinzip zurechnen lassen, sind die durch das Umsatzkostenverfahren auf Vollkostenbasis ausgewiesenen Nettoerfolge (Preis ⁄ Selbstkosten pro Stück) fiktive Größen, die für die Planung und Kontrolle des Periodenerfolges unbrauchbar sind."

Insbesondere bei „Verlustartikeln" kann nicht ermittelt werden, inwieweit sie noch zur Fixkostendeckung beitragen und eine Weiterproduktion noch sinnvoll ist oder nicht.

Dieser Mangel des Umsatzkostenverfahrens auf Vollkostenbasis kann durch Verwendung des Umsatzkostenverfahrens auf Grenzkostenbasis behoben werden.

---

[83]) Langfristig ist die körperliche Inventur nicht zu umgehen; überplanmäßiger Ausschuß, Schwund, Verderb lassen sich allein rechnerisch nicht erfassen.

[84]) Nach aktienrechtlichen Vorschriften muß das nach Produktarten differenzierte Betriebsergebniskonto umgeformt werden, um den der Gewinn- und Verlustrechnung zu entsprechen, die eine Gliederung nach Aufwandsarten vorschreibt.

[85]) Kilger, W., Betriebliches Rechnungswesen, a. a. O., S. 925.

9.3.2. Umsatzkostenverfahren auf Grenzkostenbasis

Das Umsatzkostenverfahren auf Grenzkostenbasis ermittelt den Betriebserfolg, indem es nur die variablen[86] Selbstkosten der Produkte den Erlösen der verkauften Produkteinheiten gegenüberstellt und die Fixkosten der Periode en bloc auf die Sollseite des Betriebsergebniskontos bucht.

Die Formel zur Bestimmung des Betriebserfolges lautet unter Verwendung obiger Kurzzeichen (die variablen Stückkosten werden mit k_{vi} bezeichnet)

Periodenerfolg = Umsatz — variable Kosten — fixe Kosten

$$G_B = \sum_{i=1}^{n} x_{ai} \cdot (p_i - k_{vi}) - K_f$$

Das Betriebsergebniskonto hat jetzt folgendes Bild[87]:

Soll	Betriebsergebniskonto	Haben
Kalkulierte Kosten der abgesetzten Produkte Kontenklasse 7 $\quad \sum_{i=1}^{n} x_{ai} \cdot k_{vi}$ fixe Kosten BAB je Kostenstelle K_f (Gewinn)	Umsatz $\sum_{i=1}^{n} x_{ai} \cdot p_i$ $\quad$ Kontenklasse 8 (Verlust)	

Nach diesem Verfahren der KER kann der **Bruttogewinn** = **Deckungsbeitrag** pro Produkteinheit aus der Differenz:

$$x_{ai} \cdot p_i - x_{ai} \cdot k_{vi} = \text{Deckungsbeitrag}$$

ermittelt werden.

Der Deckungsbeitrag (Bruttogewinn) gibt an: in welchem Umfang ein Kostenträger nach Deckung der durch ihn verursachten variablen Kosten (Grenzkosten) zur Deckung der fixen Kosten und zum Gesamterfolg beiträgt.

Nur diese Art der Erfolgsermittlung ermöglicht eine Aussage darüber, ob der Kostenträger durch seinen Preis außer den variablen Kosten auch zur teilweisen Fixkostendeckung beiträgt und damit den Gesamtgewinn erhöht. Aus dem Produktionsprogramm sollte das Produkt erst dann gestrichen werden, wenn sein Preis keinen Beitrag mehr zur Deckung der fixen Kosten erbringt oder wenn es durch ein anderes Produkt mit höherem Deckungsbeitrag bzw. Gewinnbeitrag ersetzt werden kann.

---

[86] Bei linearen Kostenverläufen (vgl. hierzu Kapitel 3.3.) sind die variablen Kosten mit den Grenzkosten identisch.
[87] Vgl. Huch, B., a. a. O., S. 147.

An einer Gewinnanalyse auf Grund einer kurzfristigen Erfolgsrechnung auf Umsatzkosten- und Grenzkostenbasis soll erläutert werden, wie unternehmerische Entscheidungen je nach der angewandten Methode ausfallen können.

Analyse des Gewinns auf Vollkostenbasis

Artikel	Mengen-einheiten	Preis pro Einheit	Erlös	Selbstkosten pro Einheit	Selbstkosten gesamt	Erfolg
A	100	8	800	6	600	+ 200
B	200	4	800	5	1000	⁒ 200
C	400	6	2400	4	1600	+ 800
			4000		3200	+ 800

Tabelle 21

Als konsequenter **Vollkosten**rechner würde man den Artikel B aus dem Sortiment streichen, in der Annahme, den Gewinn um 200 steigern zu können.

Gewinn	800
— Verlustartikel	200
erwarteter Gewinn	1000

Unter der Annahme, daß in den Artikeln A, B, C, folgende Fixkostenbestandteile enthalten sind:

Artikel A 1,— DM pro Stck.	100,— DM pro Artikelgruppe
Artikel B 2,— DM pro Stck.	400,— DM pro Artikelgruppe
Artikel C 2,— DM pro Stck.	800,— DM pro Artikelgruppe

und in der Periode Übereinstimmung zwischen produzierten Mengen und abgesetzten Mengen vorliegt, zeigt die auf **Grenzkostenbasis** durchgeführte kurzfristige Erfolgsrechnung nachfolgendes Bild:

Artikel	Mengen-einheiten	Preis pro Einheit	Erlös	variable Grenz-kosten/Einheit	Grenz-selbstkosten	Erfolg
A	100	8	800	5	500	+ 300
B	200	4	800	3	600	+ 200
C	400	6	2400	2	800	+ 1600
						Σ 2100
					Fixkosten	⁒ 1300
					Nettoerfolg =	+ DM 800

Tabelle 22

Wie zu erkennen ist, haben alle Artikel zum Erfolg beigetragen. Eine Entscheidung, den Artikel B ersatzlos aus dem Produktionsprogramm zu streichen, würde bedeuten, daß der Gesamtgewinn **nicht** 1000,— DM auf Grund der Kalkulation auf Vollkostenbasis, sondern:

Gewinn	800,— DM
∕. Fortfall Deckungsbeitrag Artikel B	200,— DM
Neuer Gewinn	600,— DM

betragen würde, da mit dem Artikel B 400,— DM fixe Kosten verrechnet wurden. Kosten verrechnet wurden.

Der **Deckungsbeitrag**[88]) sollte also Maßstab bei der Fertigungsprogramm- und Gewinnplanung sein. Kurzfristige Entscheidungen auf Grund der Methoden der KER lassen sich somit nur mit der auf Grenzkostenbasis durchgeführten Betriebsergebnisrechnung treffen.

Als **Nachteile**[89]) der Erfolgsrechnung auf Grenzkostenbasis wird die Tatsache genannt, daß Halb- und Fertigfabrikatebestände zu Grenzkosten bewertet werden, was steuerrechtlich unzulässig ist (handelsrechtlich jedoch zulässig) und die fixen Kosten sofort auf das Betriebsergebniskonto gebucht werden, gleichgültig ob sämtliche produzierten Erzeugnisse sofort abgesetzt oder ganz oder teilweise auf Lager gehen. Hierdurch entstehen Erfolgsdifferenzen zwischen den Verfahren auf Voll- und Grenzkostenbasis, die aus dem Teil der fixen Herstellkosten bestehen, welche durchschnittlich auf die Produkte entfallen, die zwar in der Periode produziert, aber auf Lager genommen und nicht abgesetzt wurden.

10. Systemelemente der Plankostenrechnung

Wenn wir in den vorausgegangenen Kapiteln nicht ausdrücklich darauf hingewiesen haben, handelt es sich bei den angewandten Kostenrechnungssystemen immer um eine Istkostenrechnung auf Vollkostenbasis, deren gewichtigster Nachteil u. a. in einer mangelnden Kontrollmöglichkeit der Kosten zu sehen ist. Es fehlte eine Normgröße, die zwangsläufig angibt, welche Kosten bei sparsamer Mittelverwendung hätten anfallen dürfen.

Alle Zeitvergleiche: — Kostenvergleiche verschiedener Abrechnungsperioden der Vergangenheit oder zwischenbetriebliche Vergleiche: Kostenvergleiche mehrerer Betriebe untereinander auf Istkostenbasis — können die Frage nicht beantworten, wieviel Kosten bei wirtschaftlicher Leistungserstellung hätten entstehen dürfen. Es fehlt die Norm- oder Sollgröße an der man die entstandenen Istkosten messen kann.

---

[88]) Über den Deckungsbeitrag bei Kapazitätsengpässen vgl. Kapitel 11.1.2.
[89]) Vgl. hierzu insbesondere Kilger, W., Betriebliches Rechnungswesen, a. a. O., S. 928 ff.

Wenn heute an die Kostenrechnung industrieller Betriebe mit differenzierter Fertigungsstruktur zunehmende Anforderungen hinsichtlich der Zurverfügungstellung von Kostendaten für **planerische** Probleme gestellt werden, reichen die traditionellen Istkostenrechnungen nicht mehr aus, diese Aufgaben zu erfüllen.

Begünstigt ferner durch die Entwicklung der betrieblichen Planungsmethoden in allen Bereichen des Betriebes, die Einführung arbeitswissenschaftlicher Methoden durch F. W. Taylor und ihre Übertragung auf die Einzel- und Gemeinkostenplanung und die Abkehr von der einseitigen Betonung der Nachkalkulation in der Istkostenrechnung, hin zur Kalkulation mit Planwerten, entwickelte sich die Plankostenrechnung.

Daher kann man nachfolgende Entwicklungsformen unterscheiden:

> **Plankostenrechnungssysteme**
>> starre Plankostenrechnung (auf Vollkostenbasis)
>> flexible Plankostenrechnung:
>>> auf Vollkostenbasis
>>> auf Grenzkostenbasis

Unter **Plankosten** versteht Kosiol[90] „geplante, budgetierte, und damit für die Z u k u n f t angesetzte Kosten" und Fäßler[91] „die wissenschaftlich (z. B. auf Grund von Verbrauchsfunktionen) im voraus bestimmten Kosten unter Voraussetzung rationaler Produktion im Rahmen des Möglichen". Beide Definitionen weisen auf Zukunftsbezogenheit der Kosten hin und lösen sich damit von vergangenheitsbezogenen Istwerten.

Die Plankostenrechnung versucht:

> durch mengenmäßige (auf Grund von Verbrauchsfunktionen)[92] bestimmte Verbrauchsvorgaben = **Mengengerüst,**
>
> durch mittelfristige Planpreise[93] für die Bewertung der Faktoreinsatzmengen = **Wertgerüst,**
>
> und durch Berücksichtigung eines geplanten Beschäftigungsgrades (e)

die störenden Einflüsse von Zufallsschwankungen (Preisschwankungen auf den Beschaffungsmärkten der Kostengüter, zufällige Schwankungen des mengenmäßigen Güterverbrauchs und Änderungen des Beschäftigungsgrades) zu eliminieren, um eine wirksame Kostenkontrolle und Kalkulation zu ermöglichen. Im Soll-Ist-Vergleich werden nach jeder Abrechnungsperiode die Differenzen zwischen den geplanten Kosten und den tatsächlich angefallenen Istkosten ermittelt.

---

[90] Kosiol, E., Kostenrechnung, Wiesbaden 1964, S. 91.
[91] Fäßler u. a., Kostenrechnungslexikon, a. a. O., S. 352, Sp. 1.
[92] Vgl. Kapitel 3.2., S. 15 ff.
[93] Die Planpreise sollen sowohl außerbetriebliche und innerbetriebliche Preisbestandteile wie mittelfristig erwartete Preisänderungen beinhalten. Vgl. Kilger, W., Flexible, a. a. O., S. 169—184.

Die aufgetretenen Differenzen werden je nach dem angewandten Plankostenrechnungsverfahren in verschiedene Abweichungen aufgespalten und in einer Abweichungsanalyse wird versucht, die **Ursache** der Abweichungen festzustellen.

10.1. Form der Plankostenrechnungssysteme

10.1.1. Die starre Plankostenrechnung auf Vollkostenbasis

Die ursprüngliche Form der starren Plankostenrechnung gibt den Kostenstellen die Kosten auf Grund eines im Durchschnitt des Jahres zu erwartenden Beschäftigungsgrades[94] (Kapazitätsausnutzungsgrades) vor.

Die Fixierung auf einen Beschäftigungsgrad wird auch dann nicht geändert (bleibt **starr**) wenn im Laufe des Jahres die Beschäftigung variiert.

Eine Auflösung der Gemeinkosten in fixe und proportionale Bestandteile ist nicht notwendig, da die Kostenplanung nur für einen bestimmten Beschäftigungsgrad erfolgt und Beschäftigungsabweichungen nicht berücksichtigt werden.

Dem Vorteil der einfachen rechnerischen Handhabung und Kostenplanung steht der schwerwiegende Nachteil der starren Plankostenrechnung gegenüber, daß bei der Gegenüberstellung der Plangemeinkosten bei Planbeschäftigung und den tatsächlichen Istwerten nur die **Gesamtabweichung** festgestellt werden kann, wobei jedoch die Höhe der Istkosten durch einen geringeren oder höheren Beschäftigungsgrad als der im Jahresdurchschnitt geplante, bestimmt sein kann. Es läßt sich mit dieser Form der Plankostenrechnung also nicht ermitteln, wie hoch die Sollkosten bei einer von der Planbeschäftigung abweichenden Beschäftigung hätten sein dürfen, und auf welche Kosteneinflußgrößen die Planabweichungen zurückzuführen sind. Diese Mängel machen die starre Plankostenrechnung für eine kurzfristige Kostenkontrolle untauglich, es sei denn, bei einzelnen Kostenstellen ist die Beschäftigung tatsächlich konstant.

10.1.2. Flexible Plankostenrechnung auf Vollkostenbasis

Den Mängeln der starren Plankostenrechnung begegnet die flexible Plankostenrechnung, indem sie die Plankosten in ihre fixen (beschäftigungsunabhängigen) und proportionalen (beschäftigungsabhängigen) Bestandteile aufspaltet und **die** Kosten ermittelt = **Sollkosten,** die bei einer von der Planbeschäftigung abweichenden Istbeschäftigung anfallen dürfen.

---

[94] Beschäftigungsgrad (Kapazitätsausnutzungsgrad)

$$= \frac{\text{Istbeschäftigung (genutzte Kapazität)}}{\text{Sollbeschäftigung (vorhandene Kapazität)}} \times 100$$

gemessen in Fertigungsstunden, Umsatz, Ausbringungsmengen etc.

Als Sollkosten werden die Plankosten der erreichten Istbeschäftigung bezeichnet.

$$\text{Sollkosten} = \text{fixe Plankosten} + \text{proportionale Plankosten} \cdot \frac{\text{Istbeschäftigungsgrad}}{\text{Planbeschäftigungsgrad}}$$

Beispiel:

Bei einer Planbeschäftigung von 10 000 Fertigungsstunden werden 64 000 DM Fixkosten und 140 000 DM proportionale Kosten geplant.

Die erreichte Istbeschäftigung der Abrechnungsperiode beträgt 6000 Fertigungsstungen. Die Istkosten betragen 180 000 DM.

Dann betragen die **Plankosten** bei **Planbeschäftigung**

Fixe Plankosten	64 000,— DM
+ proportionale Plankosten	140 000,— DM
= Plankosten	204 000,— DM

Die **Sollkosten** des **Istbeschäftigungsgrades** betragen

Fixe Kosten (beschäftigungsunabhängig)   64 000,— DM

+ proportionale Kosten der Istbeschäftigung (beschäftigungsabhängig)

$$140\,000 \cdot \frac{6\,000}{10\,000} \qquad 84\,000,\text{—}\ \text{DM}$$

= Sollkosten   148 000,— DM

Der **Plankostenverrechnungssatz**, d. h. die Plankosten pro Einheit der Planbezugsgröße mit der die Kostenträger belastet werden, beträgt im Beispiel:

$$204\,000 : 10\,000 = 20{,}4\ \text{DM pro Einheit}$$

(in der graphischen Darstellung Abb. 19 durch die Kurve der verrechneten Plankosten dargestellt).

Erreicht die Istbeschäftigung nur $\frac{6}{10}$ der geplanten Beschäftigung von 10 000 Fertigungsstunden ändern sich **nur** die proportionalen Plankosten der Planbeschäftigung um $\frac{4}{10}$ der proportionalen Plankosten (56 000,— DM) auf 84 000,— DM und ergeben mit den beschäftigungsunabhängigen Fixkosten von 64 000,— DM die Sollkosten von 148 000,— DM. In einer graphischen Darstellung ergibt sich folgendes Bild:

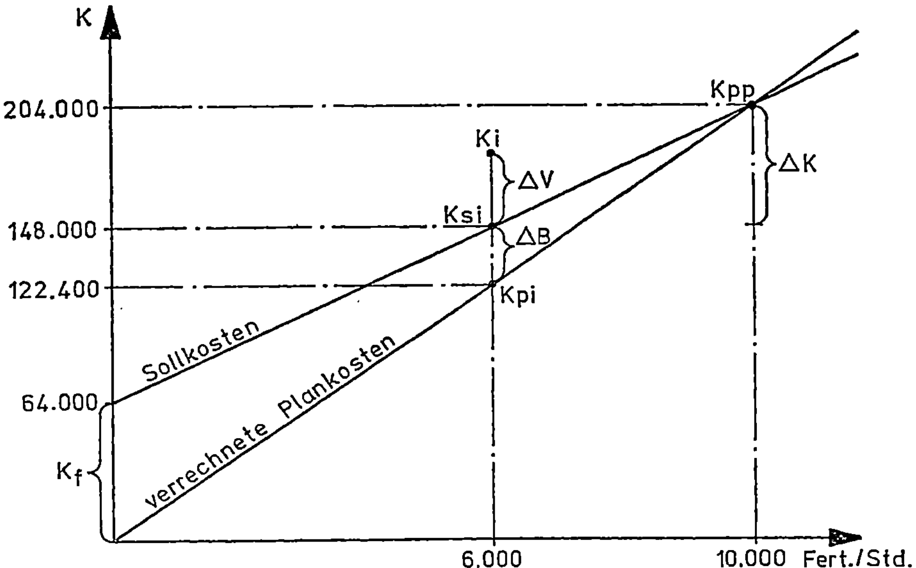

Kpp = Plankosten bei Plan-Beschäftigung	ΔK = „Beschäftigungsabweichg."
Kpi = Plankosten bei Ist-Beschäftigung	Ki = Istkosten
Ksi = Sollkosten bei Ist-Beschäftigung	
ΔB = Beschäftigungsabweichung	ΔV = Verbrauchsabweichung

Die in der flexiblen Plankostenrechnung für jede Kostenart und Kostenstelle geplanten Gemeinkosten und für jede Erzeugnisart geplanten Einzelkosten, ermöglichen eine Kostenstellenkontrolle von Einzel- und Gemeinkosten in der Kostenstelle.

Der Vorteil der flexiblen Plankostenrechnung auf Vollkostenbasis gegenüber der starren Plankostenrechnung besteht darin, daß:

a) die Abweichungen der geplanten Kosten beim Planbeschäftigungsgrad und die Plankosten beim Istbeschäftigungsgrad (Sollkosten) festgestellt werden (Δ K)[95]) und

b) die Abweichungen der Sollkosten von den tatsächlich angefallenen Istkosten beim Istbeschäftigungsgrad als **Verbrauchsabweichungen** ermittelt werden können (Δ V) und

c) die Differenz zwischen Sollkosten und verrechneten Plankosten eindeutig als **Beschäftigungsabweichung** definiert werden können. (ΔB)

---

[95]) Δ K stellt eine echte „Beschäftigungsabweichung" dar, die auftritt, wenn die Planbeschäftigung nicht erreicht wird. Um Irrtümer zu vermeiden, sei darauf hingewiesen, daß die Bezeichnung Beschäftigungsabweichung für diese Abweichung in der Literatur nicht üblich ist.

10.1.3. Flexible Plankostenrechnung auf Grenzkostenbasis

Während die flexible Plankostenrechnung auf Vollkostenbasis alle Einzelkosten direkt und mittels des Plankostenverrechnungssatzes alle Gemeinkosten die bei der Leistungserstellung entstanden sind auf die Kostenträger verrechnet, werden in der flexiblen Plankostenrechnung auf Grenzkostenbasis (Grenzplankostenrechnung) nur die proportionalen Kosten verrechnet und die fixen Kosten getrennt behandelt. Es wird hierbei unterstellt, daß der Gesamtkostenverlauf des Betriebes linear ist, denn nur dann entsprechen die variablen Durchschnittskosten den Grenzkosten und die variablen Kosten ändern sich proportional den Beschäftigungsänderungen des Betriebes.

In konsequenter Weise löst die Grenzplankostenrechnung das Fixkostenproblem, indem es durch die Trennung der Gemeinkosten in fixe und proportionale Bestandteile nicht nur eine nach Kostenarten und Kostenstellen differenzierte Kostenkontrolle ermöglicht, sondern darüber hinaus alle innerbetrieblichen Leistungen, lager- und absatzbestimmten Leistungen, **nur** mit den durch diese verursachten proportionalen Kosten belastet. Die fixen Kosten werden als Periodenkosten des Abrechnungszeitraums en bloc in das Betriebsergebnis übernommen.

Die laufende Kostenrechnung ist eine **kurzfristige** Rechnung unter Zugrundelegung feststehender Kapazitäten. Kapazitäten (Betriebsmittel, Arbeitskräfte usw.) werden durch langfristige Entscheidung der Betriebsleitung festgelegt und bleiben solange konstant, wie keine quantitativen Anpassungsprozesse vorgenommen werden. Damit bleibt auch der Fixkostenbloc konstant. Es besteht deshalb kein kausaler Zusammenhang zwischen der betrieblichen Kapazität/Teilkapazität und den erzeugten Produktionseinheiten einer Abrechnungsperiode. Fixkosten entstehen unabhängig von der Höhe und der qualitativen Zusammensetzung der laufenden Produktion. Folgerichtig können deshalb auf die Leistungen des Betriebes bei gegebener Kapazität keine Fixkostenanteile auf die Kostenträger verursachungsgerecht zugerechnet werden[96]).

Nur den Kostenstellen lassen sich die zugehörigen Fixkosten kausal zurechnen. In der Grenzplankostenrechnung wird der Fehler der Proportionalisierung von Fixkosten vermieden und dadurch Fehlentscheidungen vermieden, die alle Vollkostenrechnungssysteme aufweisen, die versuchen, auch die fixen Kosten bei kurzfristigen Entscheidungen und gegebener Kapazität in die Überlegungen einzubeziehen. „Dies gilt z. B. für alle kurzfristigen Entscheidungen über die gewinnmaximale Zusammensetzung des Fertigungsprogramms, die Frage, ob Vorprodukte oder Zubehörteile fremd bezogen oder selbst erstellt werden sollen, die Verfahrenswahl in der Arbeitsablaufplanung, die Bestimmung optimaler Bedienungsverhältnisse und viele andere Probleme."[96]

---

[96]) Vgl. Kilger, W., Flexible Plankostenrechnung, a. a. O., S. 86.
[96a]) Vgl. Kilger, W., Flexible Plankostenrechnung, a. a. O., S. 90.

In der Grenzplankostenrechnung vereinfacht sich die Rechnung, da nur die von den Produkten direkt verursachten proportionalen Kosten auf die Produkte verrechnet werden und die fixen Kosten außer Ansatz bleiben und en bloc in das Betriebsergebnis gehen. Das Zahlenbeispiel auf S. 103 ergibt dann folgende Rechnung:

Die proportionalen **Plankosten** bei **Planbeschäftigung** betragen:

Proportionale Plankosten — 140 000,— DM

Die Sollkosten[97]) des Istbeschäftigungsgrades betragen:

proportionale Kosten (Grenzkosten) der Istbeschäftigung

$$140\ 000 \cdot \frac{6}{10}$$ — 84 000,— DM

Die Istkosten der Grenzplankostenrechnung

Istkosten — 180 000,— DM

⁄ Fixe Kosten — 64 000,— DM

— 116 000,— DM

In der graphischen Darstellung ergibt sich folgendes Bild

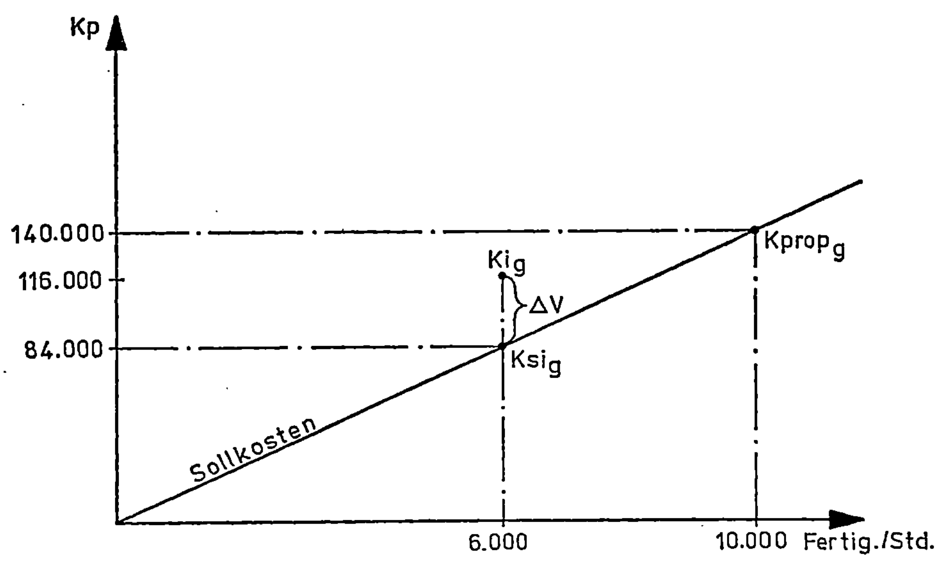

Abbildung 20

$Kprop_g$ = Proportionale Plankosten bei Planbeschäftigung
Ksi_g = Sollkosten der Istbeschäftigung (in der Grenzplankostenrechnung)
Ki_g = Istkosten (bei der Grenzplankostenrechnung:
Istkosten ⁄ fixe Kosten)
ΔV = Verbrauchsabweichung

---

[97]) Die Vollkosten des Istbeschäftigungsgrades sind identisch mit den errechneten Kosten des Istbeschäftigungsgrades.

Bei der Grenzplankostenrechnung entfällt die Beschäftigungsabweichung ΔB und es ist nur die Verbrauchsabweichung[98] ΔV zu untersuchen.

10.2. Organisation der Plankostenrechnung

Vor der Einführung einer Plankostenrechnung im Betrieb ist es zweckmäßig, eine Istanalyse des Betriebes vorzunehmen, bei der insbesondere der technologische Aufbau und Ablauf der Fertigungskostenstellen analysiert wird. Ferner ist der Belegfluß daraufhin zu untersuchen, ob er den Anforderungen der Plankostenrechnung entspricht.

Nachstehend sollen die wichtigsten Schritte, die zur Durchführung einer Plankostenrechnung notwendig sind, kurz skizziert werden.

10.2.1. Kostenstelleneinteilung

Wichtigstes Gliederungskriterium für die Kostenstelleneinteilung ist die Schaffung von eindeutigen Verantwortungsbereichen. Die im Soll — Ist — Vergleich festgestellten Abweichungen von den Plankosten müssen nach durchgeführter Abweichungsanalyse hinsichtlich der von der Kostenstelle zu verantwortenden (beeinflußbaren) Kosten vertreten werden. Um Planungsfehler bei den Zeit- und Mengenvorgaben zu vermeiden, sind die Kostenstellenleiter an der Planung zu beteiligen und in das System der Plankostenrechnung einzuführen, um psychologische Widerstände aufzuheben. Eine erprobte Plankostenrechnung kann auf Dauer Grundlage einer Leistungsprämierung werden.

10.2.2. Bezugsgrößenplanung

Mit der Kostenstelleneinteilung eng verbunden ist die Bezugsgrößenplanung. Die Bezugsgröße ist Maßstab für die Kostenverursachung. Die Bezugsgrößenwahl ist so vorzunehmen, daß „proportionale Beziehungen zwischen produktionstechnischen Größen und variablen Kostenarten bestehen sollen"[99].

Kilger[100] unterscheidet drei Gruppen von Bezugsgrößen:

a) **direkte** Bezugsgrößen bei **homogener** Kostenverursachung sind zahlenmäßig erfaßbare, quantitative Leistungsgrößen, die sich proportional zur Beschäftigung der Kostenstelle verhalten und für alle Haupt- und Hilfskostenstellen gelten, die homogene Produktbeiträge liefern. Solche Bezugsgrößen finden sich gut für Einproduktunternehmen (Zementwerke oder Brauereien mit einer Produktart) oder Kostenstellen mit konstanten Arbeitsgängen: (Drehen gleichartiger Gewinde).

---

[98] Zur Abweichungsanalyse vgl. S. 109 ff.

[99] Kilger, W., Flexible, a. a. O., S. 331.

[100] Kilger, W., Flexible, a. a. O., S. 332 ff. Hier weitere Einzelheiten zur Bezugsgrößenwahl.

Auch Fertigungsstellen mit unterschiedlichen Produktionsbeiträgen (Drehen verschiedener Gewinde) kommen mit nur einer Bezugsgröße aus, wenn sich alle variablen Kostenarten einer Kostenstelle zu einer, und zwar der gleichen Bezugsgröße proportional verhalten. Mögliche Bezugsgrößen können sein: Fertigungszeiten, Materialgewichte, Stückzahlen der bearbeiteten Gewichte usw.

b) **direkte** Bezugsgrößen bei **heterogener** Kostenverursachung. In vielen Fällen ist es in der Praxis nicht möglich, die variablen Kosten einer Kostenstelle nur einer Ursache zuzuordnen und durch **eine** Bezugsgröße auszudrücken, da unterschiedliche Abhängigkeiten der Kostenarten von Verursachungsgrößen bestehen. Die Kostenverursachung pro Kostenstelle kann dann nur durch mehrere direkte Bezugsgrößen ausgedrückt werden, die sowohl abhängig sind von: Durchsatzgewichten und Fertigungsstunden, Rüstzeiten und Ausführungsstunden, Maschinenlaufzeiten und Fertigungsstunden usw[101]).

c) **indirekte** Bezugsgrößen für allgemeine — und Bereichshilfskostenstellen,

finden dort Anwendung, so sich keine quantitativ meßbaren oder ökonomisch vertretbaren Bezugsgrößen der Kostenverursachung angeben lassen, z. B. bei Kostenstellen des Beschaffungs-, Verwaltungs- und Vertriebsbereiches, bzw. bei Hilfskostenstellen deren Leistungen zwar meßbar, aber die laufende Erfassung der Leistungen bei den empfangenden Kostenstellen nicht vertretbar ist (z. B. Energiekostenstellen, innerbetrieblicher Transport).

Als indirekte Bezugsgrößen zur Leistungsmessung von Beschaffungs-, Verwaltungs- und Vertriebskostenstellen könnten dienen[102]):

Kostenstelle	**Bezugsgröße**
Einkauf	Auftragszahl
Buchhaltung	Buchungspositionen
Lohnbüro	Belegschaftszahl
Mahnabteilung	Anzahl der Mahnschreiben
Auftragsabwicklung	Stückzahl, Umsatz
Lager	Anzahl der Zugänge
Fertiglager	Lagerwert, Stückzahl

10.2.3. Ermittlung der Planbeschäftigung

Nach Bestimmung der Bezugsgrößen als Maßstab der Beschäftigung ist festzulegen, welcher Beschäftigungsgrad (Fertigungsstunden, Gewichte, Maschinenlaufstunden pro Monat) mit 100 % bezeichnet werden soll. Der Planbeschäftigungsgrad dient zum Aufbau der Kostenplanung.

---

[101]) Verschiedene Beispiele hierzu vgl. Kilger, W., Flexible, a. a. O., S. 336—340.

[102]) Weitere Bezugsgrößen nennt Kilger, W., a. a. O., S. 348; vgl. hier auch die ausführlichen Beispiele zur Bezugsgrößenwahl für Hilfskostenstellen S. 345 und S. 347.

Die Grundlage für die Planung des Beschäftigungsgrades kann sein:

a) die Kapazität,

b) der betriebliche Engpaß.

Wählt man die Kapazität für die Planung des Beschäftigungsgrades, stellt sich die Frage, welche der nachfolgenden Kapazitäten als 100 % angesetzt werden sollen: Ist es die **technische** Maximalkapazität, die **optimale** Kapazität (d. h. die als erreichbar anzusehende Kapazität unter Berücksichtigung normaler Intensität der Betriebsmittel, normaler Leistungsgrad der Arbeitskräfte und Zugrundlegung der bestehenden Organisation), oder die **durchschnittliche** Kapazität (als arithmetisches Mittel der in der Vergangenheit erreichten Auslastungen). Vieles spricht für die optimale Kapazitätsplanung, da sie wirklich erreichbar und psychologisch leistungssteigernd wirkt.

Wählt man den **Engpaß** für die Planung des Beschäftigungsgrades, werden neben der technischen Kapazität, der Absatz und andere produktionsbestimmende Teilpläne in die Planung einbezogen. Die Engpaßplanung ist deshalb vorteilhaft, weil sie die gesamte betriebliche Planung in die Planbeschäftigung der Kostenstelle integriert und alle betrieblichen Engpäße berücksichtigt.

10.2.4. Planpreissystem und Preisabweichungen

Die Verwendung fester Preise = geplante Verrechnungspreise sollen

① Preisschwankungen für Kostengüter auf den Beschaffungsmärkten von der Plankostenrechnung fernhalten,

② zukünftige Preisentwicklungen berücksichtigen,

③ wenigstens für eine Planperiode (1 Jahr) konstant bleiben, um den Kostenvergleich nicht zu stören und

④ für Produktionsfaktoren (Arbeitsleistungen und Werkstoffe) angesetzt werden, die **eindeutig in ihrem Mengengerüst, erfaßbar**[103]), **wesentlich** und **regelmäßig** anfallen.

In die Planpreise sind bei Werkstoffen sowohl innerbetriebliche wie außerbetriebliche Preisbestandteile einzubeziehen[104]). Die Planpreise für Brutto-Löhne und Gehälter einschließlich freiwilliger und gesetzlicher Zuschläge unter Berücksichtigung erkennbarer Erhöhungen werden ebenfalls für eine bestimmte Planperiode fixiert.

Preis und Lohnsatzabweichungen lassen sich dann wie folgt aus der Plankostenrechnung eliminieren:

---

[103]) Z. B. bei Beratungsleistungen und anderen Dienstleistungen nicht möglich.
[104]) Vgl. Anmerkung 93 auf S. 101.

① Istmenge zu Istpreis

 ∕. Istmenge zu Planpreis

 = Preisabweichung

② Istzeit zu Istlohnsatz[105])

 ∕. Istzeit zu Planlohnsatz

 = Lohnsatzabweichung (Lohntarifabweichung)

10.3. Planung und Kontrolle der Einzelkosten

10.3.1. Planung und Kontrolle der Fertigungsmaterialkosten (Einzelmaterialkosten)

Bei der **Planung** des Fertigungsmaterialverbrauchs (zu bearbeitende oder umzuformende Werkstoffe und einbaufertige fremdbezogene Einzelteile) muß der Verbrauch auf Grund von Konstruktions- oder Verfahrensplänen, Rezepturen oder Mischungsanweisungen erfaßt werden. Die Planung des Einzelmaterialverbrauchs bedeutet die Festlegung auf ein bestimmtes Fertigungsverfahren, denn die vorzunehmenden Ermittlungen sind nur dann sinnvoll, wenn sich die Messungsergebnisse in zukünftigen Perioden wiederholen; andernfalls sind erneute Planungen durchzuführen.

Die Planung der Einzelmaterialkosten erfolgt wie auch der Einzellohnkosten (Fertigungslöhne) auf den **Kostenträger** bezogen. Die laufende Kostenkontrolle jedoch muß kostenstellenorientiert sein, da die Mengen und Zeitabweichungen von den Beschäftigten der Kostenstelle beeinflußt werden.

Die Einzelkostenplanung und Kontrolle, die schon die Normalkostenrechnung kennt, ist relativ einfach, gegenüber der Gemeinkostnplanung und Kontrolle, die weiter unten besprochen wird.

Auf Grund von Stücklisten, technischen Berechnungen, Rezepturen (Chemie) und Mischungsanweisungen, werden unter Beachtung des Fertigungsablaufes und der geplanten Produkteigenschaften die Einzelmaterialkosten unter Einbeziehung planmäßiger, d. h. normalerweise auftretenden Abfalls und Ausschußes geplant.

Die **Kontrolle** der Einzelmaterialkostenabweichungen erfolgt in den Kostenstellen nach der Formel:

  Materialistmenge zum Planpreis

 ∕. Materialplanmenge zum Planpreis

 = Verbrauchsabweichung

---

[105]) Die Istlohnsätze können sich durch neue Tarifverträge während der Planperiode erhöhen und müssen daher wie alle anderen Preisschwankungen isoliert werden, um eine Kostenkontrolle zu ermöglichen, die von „Preis"änderungen bereinigt ist.

Die von den Kostenstellenleitern zu verantwortende Materialverbrauchsabweichung stellt nur den von ihm zu beeinflussenden Materialmengenmehr- oder Minderverbrauch dar.

Die **gesamte** Materialverbrauchsabweichung sollte nach Kilger[106]) aufgespalten werden in:

a) **auftragsbedingte Einzelmaterialverbrauchsabweichungen,** deren Ursachen in nachträglich berücksichtigten Kundenwünschen, geänderten Materialqualitäten oder technischer Bedingtheiten zu sehen sind.

b) **Abweichungen durch außerplanmäßige Materialeigenschaften** bedingt, die den vorgegebenen mengenmäßigen Materialverbrauch durch geänderte spezifische Gewichte des Einsatzmaterials, geänderte physikalische oder chemische Eigenschaften des Materials erhöhen oder verringern.

c) **Einzelmaterial-Mischungsabweichungen,** die durch Abweichungen von vorgegebenen Mischungsverhältnissen (Standardmischungen) entstehen, hervorgerufen durch schwankende Rohstoffpreise oder -Qualitäten, die kurzfristig zu Änderungen der Mischungsverhältnisse führen.

d) **Kostenstellenbedingte Einzelmaterialverbrauchsabweichungen,** die durch unwirtschaftlichen Einsatz von Fertigungsmaterial durch die Arbeiter der Kostenstelle vom Kostenstellenleiter zu vertreten sind, wenn eine Analyse der Materialmengenabweichungen die unter a) — c) genannten Ursachen eleminiert hat. Häufig legt man Standards fest, wenn das Produkttionsprogramm über längere Zeit feststeht und sich die gemessenen Größen in zukünftigen Perioden unverändert wiederholen. Diese Standards können Zeit-, Mengen- oder Wertgrößen sein, die sich auf die Leistungseinheit beziehen. Bei gleichartigen Fertigungsprozeßen entfällt dann die Verbrauchsermittlung im Einzelfall. In der Plankostenrechnung sind die Standardmengen oder -zeiten, bewertet zu Planpreisen, die Vorgabekosten für Einzelkosten.

Gemeinkostenstandards sind nur über die Gemeinkostenvorgabe der Kostenstellen zu ermitteln.

Im nachfolgenden vereinfachten Beispiel soll die Einzelmaterialverbrauchsabweichung dargestellt werden, wobei unterstellt wird, daß die mit a) — c) genannten Abweichungsursachen nicht vorliegen.

Planangaben

Für 100 kg eines Erzeugnisses gelten folgende Standardmaterialwerte:

	Standardmenge[107])	Planpreis	Standardkosten
Material a	40 kg	3,50 DM/kg	140 DM
Material b	50 kg	5,00 DM/kg	250 DM
Material c	30 kg	15,00 DM/kg	450 DM
	120 kg		840 DM

---

[106]) Kilger, W., Flexible, a. a. O., S. 236—240.

[107]) In den Standardmengen ist der normalerweise auftretende Abfall und Ausschuß enthalten.

Der Standardwert für 100 kg eines Produktes beträgt 840,— DM oder 7,— DM/kg.

Bei Planproduktion von 600 kg entstehen 5040,— DM Plankosten für Fertigungsmaterial

	Planmenge	Planpreis	Plankosten
Material a	240 kg	3,50 DM/kg	840 DM
Material b	300 kg	5,00 DM/kg	1 500 DM
Material c	180 kg	15,00 DM/kg	2 700 DM
	720 kg		5 040 DM

Nach Abschluß des Fertigungsvorganges werden den Planfertigungsmaterialkosten die tatsächlich entstandenen Einzelmaterialverbräuche[108]), bewertet zum Planpreis, gegenübergestellt.

	Materialverbrauch	Planpreis	Istkosten[109])
Material a	250 kg	3,50 DM/kg	875 DM
Material b	310 kg	5,00 DM/kg	1 550 DM
Material c	200 kg	15,00 DM/kg	3 000 DM
	760 kg		5 425 DM

Die Einzelmaterialverbrauchsabweichung beträgt:

Istmenge zu Planpreis

250	×	3,50	
310	×	5,00	
200	×	15,00	5 425,— DM
∕ Planmenge	×	Planpreis	5 040,— DM

= kostenstellenbedingte Einzelmaterialverbrauchsabweichung   385,— DM

10.3.2. Planung und Kontrolle der Fertigungslohnkosten (Einzellohnkosten)

Bei der Einzellohnkostenplanung werden nach der Entscheidung über das anzuwendende Fertigungsverfahren mit arbeitswissenschaftlichen Methoden Arbeits- und Zeitstudien erstellt. Alle geplanten Arbeitsabläufe mit geplanten Leistungsgraden führen zum Zeitgerüst, das, bewertet mit Plankostensätzen, zu Plan-Lohneinzelkosten führt.

Die Planung der Einzellohnkosten erfolgt ebenso wie die Planung der Einzelmaterialkosten kostenträgerbezogen.

---

[108]) Materiallagerabgangsbelege.

[109]) Die Istkosten können hier keine Preisabweichungen mehr enthalten, da sowohl Planmenge wie Istmenge zum Planpreis bewertet wurden.

Die Kontrolle der Einzellohnabweichungen erfolgt kostenstellenweise, da grundsätzlich die Lohnzeitabweichung von den Arbeitern der Kostenstelle beeinflußt werden kann. Man hat jedoch zu unterscheiden zwischen Akkord- und Zeitlöhnen.

Bei **Akkordarbeiten** entsteht zwischen Soll- und Ist-Lohnkosten keine Abweichung, aber Abweichungen zwischen Ist- und Planarbeitszeiten = Leistungsgrad der Kostenstelle[110]), der regelmäßig kontrolliert werden sollte.

Abweichungen durch **Zusatzlöhne** bedingt bei Akkordarbeiten durch tariflich garantierte Leistungsgarantien (Mindestverdienste), Abweichungen von der geplanten Produktgestaltung, geänderte Materialeigenschaften (Mehrarbeit), Betriebsstörungen usw. müssen gesondert analysiert werden.

Zeitlohnabweichungen ergeben sich als Differenz zwischen Istzeit zu Planlohnsatz und Sollzeit zu Planlohnsatz.

Beispiel zur Kontrolle der Zeitlohnabweichungen (Arbeitszeitabweichung)

Bearbeitungs-art	Sollzeit in Std.	Planlohnsatz in DM	Plankosten DM
a	70	6,20	434,—
b	100	7,00	700,—
			1 134,—

Bearbeitungs-art	Istzeit in Std.	Planlohnsatz in DM	Istkosten[111]) DM
a	75	6,20	465,—
b	110	7,00	770,—
			1 235,—

Die Arbeitszeitabweichung, die auf unwirtschaftlichen Arbeitseinsatz zurückzuführen ist, beträgt:

Istzeit zu Planlohnsatz	1 235,— DM
⁒ Sollzeit zu Planlohnsatz	1 134,— DM
	101,— DM

Die Einzellohnkosten werden in der Plankalkulation[112]) häufig in die Kalkulationssätze der Kostenstellen einbezogen, da sie wie die Fertigungsgemeinkosten sich zu den geplanten Fertigungszeiten proportional verhalten.

---

[110]) Vgl. Kilger, W., Flexible, a. a. O., S. 286 ff.

[111]) Die Istkosten können hier ebenfalls keine Lohnsatzabweichungen durch Tariferhöhungen mehr enthalten, da sowohl Soll- wie Istzeiten zu Planlohnsätzen bewertet wurden.

[112]) Vgl. Beispiel Plankalkulation, S. 121.

10.4. Die Planung und Kontrolle der Gemeinkosten

Unter den Problemen, die die Einführung einer Plankostenrechnung mit sich bringt, nimmt die Gemeinkostenplanung den größten Stellenwert ein. Sie macht den wichtigsten und zugleich schwierigsten Teil der Kostenplanung aus.

10.4.1. Gemeinkostenplanung

Unter **Gemeinkostenplanung** versteht man die Ermittlung der Plangemeinkosten für die Kostenstellen/Kostenplätze auf der Grundlage gegebener Betriebsverhältnisse, unter Berücksichtigung der die Kosten verursachenden Bezugsgrößen und der geplanten Beschäftigung für alle Kostenstellen des Betriebes.

Diese Planung erfolgt kostenstellenweise — nach Kostenarten getrennt — für eine Planperiode (meist 1 Jahr) und bildet die Grundlage für die Gemeinkosten**kontrolle**, die jeweils für die Abrechnungsperiode (monatlich oder kürzer) im sogenannten Soll/Ist-Vergleich erfolgt.

Nach Schwantag[113] unterscheidet man zwei Gruppen von Methoden für die Gemeinkostenplanung, die analytischen und shnthetischen Methoden, auf die hier im Rahmen der Darstellung der Grundelemente einer Plankostenrechnung nur kurz eingegangen werden kann. (Vgl. Hülshoff, F.: Kosten- und Leistungsrechnung industrieller Betriebe, Wiesbaden 1974).

Bei der **analytischen** Gemeinkostenplanung geht man von einer Analyse der Istkosten vergangener Perioden aus und leitet hieraus mit Hilfe mathematischstatistischer Methoden die Sollkosten der Kostenstellen ab.

Bei den **synthetischen** Verfahren der Gemeinkostenplanung plant man die Sollgemeinkosten **unabhängig** von den Istkosten vergangener Perioden auf Grund von Verbrauchs- und Zeitstudien und Berechnungen.

Die **mehrstufige** synthetische Gemeinkostenplanung[114] (Stufenplanung) ermittelt die Sollgemeinkosten für mehrere Beschäftigungsgrade, ohne die Gemeinkosten in fixe und proportionale Bestandteile aufzulösen und legt für jeden ermittelten Beschäftigungsgrad (50 %; 60 % oder 50—60 %; 60—70 % usw.)[115] Plankalkulationssätze auf Vollkostenbasis für die Verrechnung der Gemeinkosten auf die Kostenträger fest. Es kommt der Plankalkulationssatz zur Anwendung, der der tatsächlichen Beschäftigung am ehesten entspricht.

---

[113] Schwantag, K., Der heutige Stand der Plankostenrechnung in deutschen Unternehmungen, Zeitschrift für Betriebswirtschaft 1950, S. 395, nach Kilger, W., Flexible, a. a. O., S. 366.

[114] Vgl. hierzu Kilger, W., Flexible, a. a. O., S. 374 ff.

[115] Fehlende Zwischenwerte werden durch lineare Interpolation ermittelt.

„Die **einstufige** synthetische Gemeinkostenplanung unterscheidet sich von der Stufenplanung dadurch, daß man bei ihr nur die Sollkosten, die der Planbezugsgröße entsprechen durch Verbrauchsanalysen, Messungen und Berechnungen plant und hieraus die Sollkosten der übrigen Bezugsgrößenwerte mit Hilfe einer Aufspaltung in fixe und proportionale Kosten ableitet."[116])

Die Auflösung der Gemeinkosten erfolgt in der Form, daß für jede Kostenart der Kostenstelle die Plankostenhöhe ermittelt wird, die auch dann bestehen bleiben soll, wenn der Beschäftigungsgrad auf Null sinkt bei unveränderter Aufrechterhaltung der Betriebsbereitschaft und Kapazität der untersuchten Kostenstelle.

Die so ermittelten Beträge jeder Gemeinkostenart bilden die absolut fixen Kosten der Kostenstelle für die Planperiode. Unter der Voraussetzung linearer Kostenverläufe muß die einstufige Gemeinkostenplanung nur für den geplanten Beschäftigungsgrad durchgeführt werden. Die Sollkosten der Istbeschäftigungsgrade lassen sich durch Berechnung leicht ermitteln[117]).

10.4.2. Gemeinkostenkontrolle

Nach Festlegung der Gemeinkostenpläne pro Kostenstelle muß periodisch die Kostenkontrolle erfolgen, die die Differenzen zwischen geplanten Sollgemeinkosten und entstandenen Istgemeinkosten aufzuweisen und sie zu analysieren hat. Das geschieht im sog. Soll/Ist-Vergleich kostenstellenweise, monatlich oder kürzer, mindestens für alle vom Kostenstellenleiter zu verantwortenden Kostenarten, insbesondere für Personal-, Hilfs- und Betriebsstoffkosten, Instandhaltungs-, Reparatur- und Energiekosten.

Um zu erkennen, welche Einflüsse die Abweichung bewirkt haben, muß die entstandene **Gesamtabweichung** bei der flexiblen Plankostenrechnung auf Vollkostenbasis aufgeteilt werden in eine **Verbrauchs-** und **Beschäftigungsabweichung**.

Die **Gesamtabweichung** ist die Differenz zwischen Istkosten (Istmenge x Planpreis) und Plankosten bei Istbeschäftigung (verrechnete Plankosten).

Die **Verbrauchsabweichung** ergibt sich aus der Gegenüberstellung von Sollkosten (= planmäßiger Mengenverbrauch bewertet zum Planpreis beim effektiv erreichten Beschäftigungsgrad [Istbeschäftigungsgrad]) und den **Istkosten** (= tatsächlicher Mengenverbrauch bewertet zum Planpreis beim Istbeschäftigungsgrad).

Da für Planmenge und Istmenge die gleichen Planpreise angesetzt werden, ergibt sich aus der Differenz der Soll- und Istkosten die Verbrauchs-(Mengen)-abweichung. Diese Differenz wird für jede Kostenart der Kostenstelle ermittelt

---

[116]) Kilger, W., Flexible, a. a. O., S. 376.
[117]) Vgl. Beispiel S. 118.

und soll anzeigen, ob es dem Kostenstellenleiter gelungen ist, den für die Planbeschäftigung bzw. den für die erreichte Istbeschäftigung geplanten Sollmengenverbrauch innezuhalten oder nicht.

Planmenge x Planpreis zum Istbeschäftigungsgrad (Sollkosten)

∕. Istmenge x Planpreis zum Istbeschäftigungsgrad

= Verbrauchsabweichung

Die im Soll/Ist-Vergleich festgestellte Verbrauchsabweichung ist jedoch nur dann vom Kostenstellenleiter zu verantworten, wenn

> a) die Plandaten korrekt ermittelt wurden,
>
> b) keine Plandatenänderungen in der Abrechnungsperiode eingetreten sind,
>
> c) Planpreise sowohl für die Bewertung der Ist- und Sollmengenverbräuche angewendet wurden,
>
> d) durch richtige Bezugsgrößenwahl (gegebenenfalls mehrere für eine Kostenstelle, vgl. weiter oben) die Einflüsse außerplanmäßiger Kostenbestimmungsfaktoren, wie schwankende Seriengröße, geänderte Bedienungssysteme, Abweichungen von den Arbeitsablaufplänen vom Soll/Ist-Vergleich ferngehalten werden[118].

Abweichungen, die durch die unter d) genannten Kosteneinflußfaktoren entstehen, müssen durch die Ermittlung von **Spezialabweichungen** in Sonderrechnungen außerhalb der Kostenrechnung festgestellt und analysiert werden.

Die **Beschäftigungsabweichung** wird durch Gegenüberstellung der Sollkosten des jeweiligen Beschäftigungsgrades (Planmenge x Planpreis beim Istbeschäftigungsgrad) und der verrechneten Plankosten des Planbeschäftigungsgrades (Planmenge x Planpreis beim Planbeschäftigungsgrad) ermittelt.

Planmenge x Planpreis beim Planbeschäftigungsgrad

∕. Planmenge x Planpreis beim Istbeschäftigungsgrad

= Beschäftigungsabweichung

Die Beschäftigungsabweichungen werden nicht kostenartenweise, sondern pro Kostenstelle insgesamt erfaßt und analysiert. Bei der Beschäftigungsabweichung handelt es sich um Verrechnungsdifferenzen zwischen Kostenstellen- und Kostenträgerrechnung.

Ursächlich für die Entstehung von Beschäftigungsabweichungen ist die Einbeziehung von Fixkostenanteilen in den Plankostenverrechnungssatz einer auf Vollkosten basierenden Plankostenrechnung, da der Plankostenverrechnungssatz auf die Planbeschäftigung bezogen ist. Beschäftigungsabweichungen müssen immer dann entstehen, wenn die Istbeschäftigung von der Planbeschäftigung abweicht. Die Beschäftigungsabweichung besteht aus nicht gedeckten oder überdeckten Fixkosten.

---

[118] Vgl. Kilger, W., Flexible, a. a. O., S. 520 ff.

Für Beschäftigungsabweichungen ist die Kostenstelle (Leiter) nicht verantwortlich zu machen, da sie kaum Einfluß auf die Beschäftigungslage haben dürfte. Für die Betriebsleitung stellt die Analyse der Beschäftigungsabweichung jedoch ein nützliches Instrument dar, Überlegungen hinsichtlich der Auslastung der Kapazitäten anzustellen und gegebenenfalls quantitative Anpassungsprozesse vorzunehmen.

Die nachstehende graphische Darstellung soll den obigen Sachverhalt erläutern.

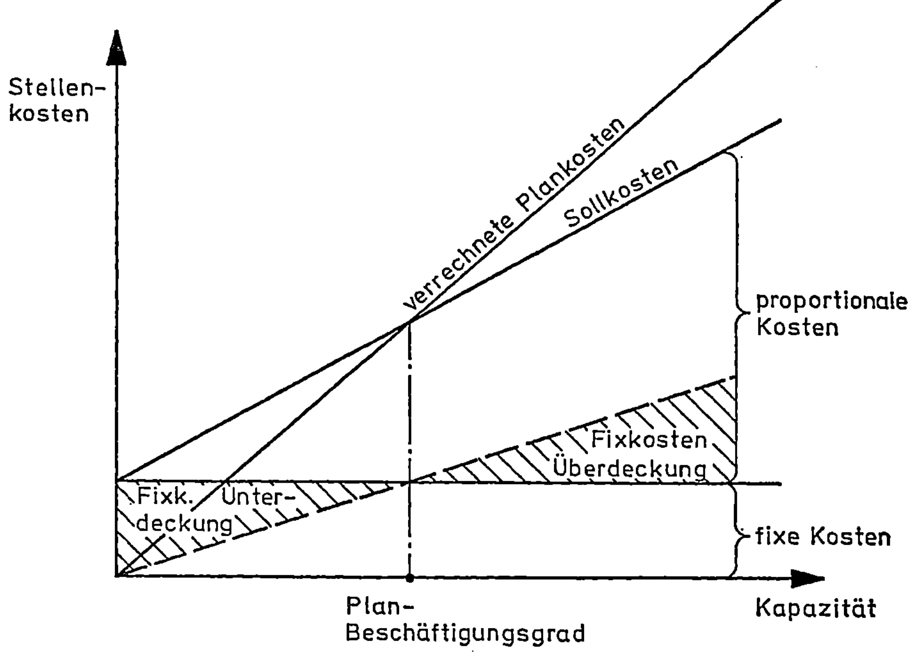

Abbildung 21

Die Fixkosten werden durch den im Plankostenverrechnungssatz enthaltenen Fixkostenanteil allmählich „gedeckt", bis beim Planbeschäftigungsgrad die verrechneten Fixkosten den geplanten gleich sind. Bei Istbeschäftigungsgraden über dem Planbeschäftigungsgrad kommt es zu Fixkostenüberdeckungen.

Die Verrechnung der anteiligen Gemeinkosten einer Kostenstelle auf die Kostenträger oder andere Kostenstellen erfolgt auf Grund des sich beim Planbeschäftigungsgrad ergebenden Planverrechnungssatzes (= planmäßiger Mengenverbrauch beim Planbeschäftigungsgrad x Planpreis dividiert durch Anzahl der Leistungs- [Stück, kg, qm usw.] bzw. Bezugsgrößen [Fertigungsstunden, Maschinenstunden usw.]) der jeweiligen Kostenstelle.

Wird in einer Kostenstelle die Planbezugsgröße (Kapazitätsausnutzungsgrad) infolge eines Engpasses geändert, ändert sich auch die Beschäftigungsabweichung auf Grund des an die geänderte Basis angepaßten Plankostenverrechnungssatzes.

Nachfolgend soll die Ermittlung und Analyse der Gesamt-, Verbrauchs- und Beschäftigungsabweichung an einem einfachen Beispiel rechnerisch und graphisch dargestellt werden.

Für eine Kostenstelle sind folgende Daten gegeben:

Planbeschäftigung: 20 000 Einheiten

Plankosten bei Planbeschäftigung:

fix	30 000,— DM	
proport.	45 000,— DM	75 000,— DM

Der Istbeschäftigungsgrad beträgt:

in Periode 1 25 000 Einheiten

in Periode 2 18 000 Einheiten

Die Istgemeinkosten der Kostenstelle betragen:

in Periode 1 85 000,— DM

in Periode 2 72 000,— DM

Der Plankostenverrechnungssatz für die Planbezugsgröße 20 000 Einheiten beträgt:

$$\frac{75\,000\ \text{(Plankosten)}}{20\,000\ \text{(Planbezugsgröße)}} = 3,75\ \text{DM/Einheit}$$

Bei Ermittlung der Abweichungen beträgt die **Gesamtabweichung:**

	für Periode 1		für Periode 2
Istgemeinkosten (Istmenge × Planpreis)	85 000,— DM		72 000,— DM
∕ verrechnete Plankosten (Plankosten beim Istbeschäftigungsgrad) 25 000 × 3,75	93 750,— DM	18 000 × 3,75	67 500,— DM
= Gesamtabweichung +	8 750,— DM	∕	4 500,— DM

In Periode 1/2 sind fixe und proportionale Kosten proportional zur Beschäftigung vermehrt/vermindert berechnet worden und führen zu Gesamtabweichungen von + 8750,— DM bzw. ∕ 4500,— DM, die nachfolgend in Verbrauchs- und Beschäftigungsabweichungen aufgespalten werden sollen.

Die **Verbrauchsabweichung** ist die Differenz von Ist- und Sollkosten. Die S o l l - k o s t e n sind die zum Planpreis bewerteten Planmengen beim Istbeschäftigungsgrad und lassen sich nach oben erwähnter Formel berechnen:

$$\text{Sollkosten} = \text{fixe Plankosten} + \text{variable Plankosten} \cdot \frac{\text{Istbeschäftigungsgrad}}{\text{Planbeschäftigungsgrad}}$$

	Periode 1		**Periode 2**
Istgemeinkosten	85 000 DM		72 000 DM
⁒ Sollgemeinkosten			

$$(30\,000 + 45\,000 \times \frac{25\,000}{20\,000})\ \ 86\,250\ \text{DM} \qquad (30\,000 + 45\,000 \times \frac{18\,000}{20\,000})\ \ 70\,500\ \text{DM}$$

| = Verbrauchsabweichung + 1 250 DM | ⁒ 1 500 DM |

Die Verbrauchsabweichung in Periode 1/2 ist günstig/ungünstig und läßt auf sparsame/verschwenderische Mittelverwendung schließen, wenn die Verbrauchsabweichung als letzte Abweichung anzusehen ist[119]).

Als **Beschäftigungsabweichung** wird in der flexiblen Plankostenrechnung auf Vollkostenbasis die Differenz aus Sollkosten und verrechneten Plankosten bei Istbeschäftigung angesehen.

	Periode 1	**Periode 2**
Sollgemeinkosten	86 250 DM	70 500 DM
⁒ verrechnete Plankosten bei Istbeschäftigung	93 750 DM	67 500 DM
= Beschäftigungsabweichung	+ 7 500 DM	⁒ 3 000 DM

Die Beschäftigungsabweichung von 7500 DM zeigt, daß in Periode 1 bei über der Planbeschäftigung liegenden Istbeschäftigung „zuviel" fixe Kosten auf die Kostenträger verrechnet wurden und umgekehrt „zu wenig" in Periode 2.

Nachfolgend ist das Ergebnis tabellarisch zusammengefaßt und graphisch dargestellt.

	Periode 1		Periode 2	
Istgemeinkosten	85 000 DM		72 000 DM	
Sollgemeinkosten	— 86 250 DM		— 70 500 DM	
Verbrauchsabweichung		+ 1 250 DM		⁒ 1 500 DM
Sollgemeinkosten	86 250 DM		70 500 DM	
verrechnete Plankosten	— 93 750 DM		— 67 500 DM	
Beschäftigungsabweichung		+ 7 500 DM		⁒ 3 000 DM
Gesamtabweichung		+ 8 750 DM		⁒ 4 500 DM

Tabelle 23

---

[119]) Vgl. Punkt a) — d), S. 111.

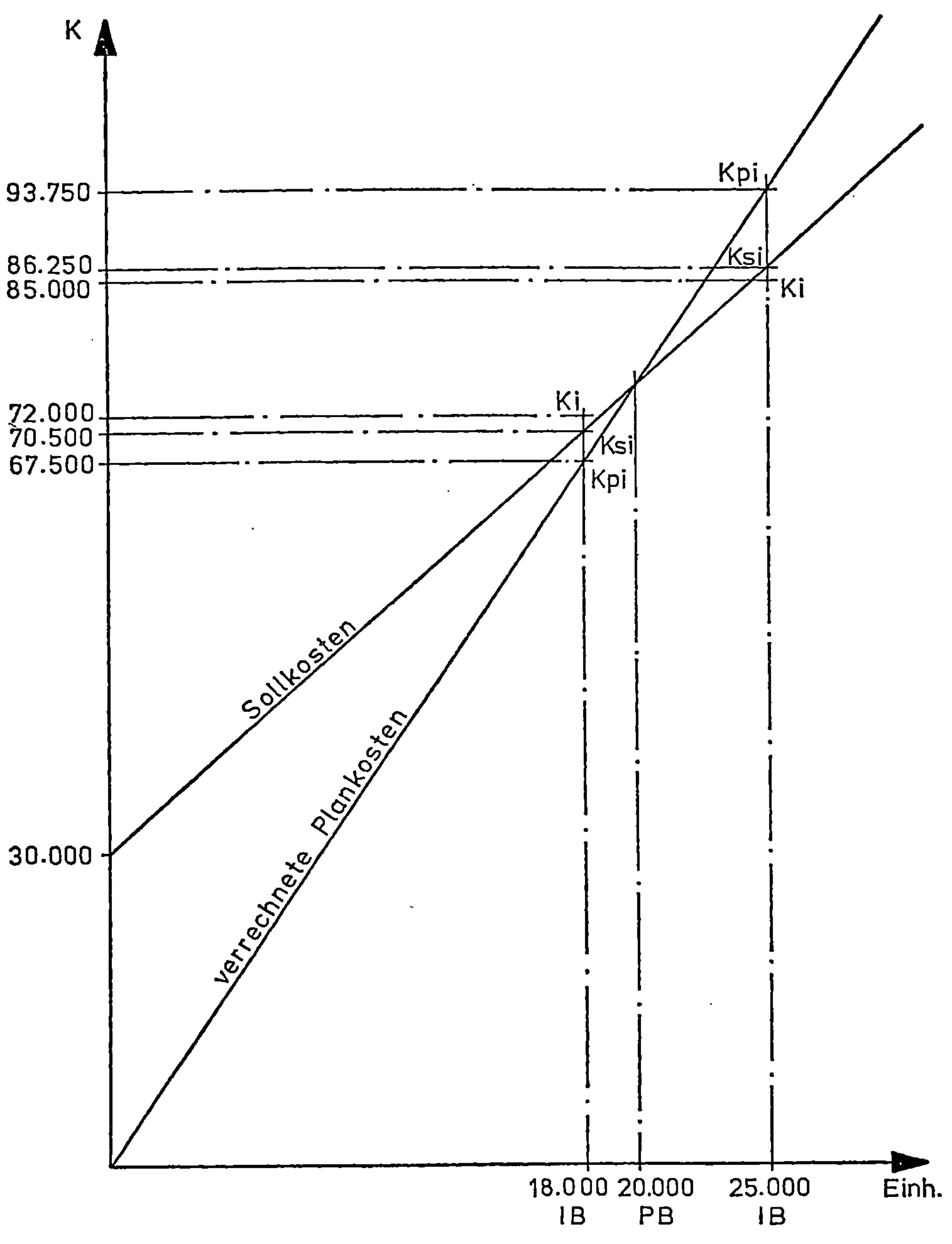

Abbildung 22

Eine Beschäftigungsabweichung tritt in der **Grenzkostenrechnung** nicht auf. Auf Grund des unterschiedlichen Verhaltens bei Beschäftigungsänderungen ist eine getrennte Behandlung von Fixkosten und Proportionalkosten erforderlich. Nur die Proportionalkosten reagieren auf Beschäftigungsänderungen. Deshalb sind im Plankostenverrechnungssatz der flexiblen Plankostenrechnung auf Grenzkostenbasis keine Fixkosten enthalten. Sie werden en bloc in das Periodenergebnis gebucht. Sowohl die Betriebsabrechnung einschließlich der innerbetrieblichen Leistungsverrechnung, die Bestandsbewertung fertiger und unfertiger Erzeugnisse und Kalkulationssätze beruhen ausschließlich auf der Verwendung von Proportionalkosten (Grenzkosten). Somit sind Über- und Unterdeckungen verrechnete Fixkosten (Beschäftigungsabweichungen) ausgeschlossen, da Sollgemeinkosten und verrechnete Grenzplankosten identisch sind.

10.5. Plankalkulation

In der Plankalkulation werden die **Plankosten je Leistungseinheit** ermittelt. Formell unterscheidet sie sich nicht von den Kalkulationsverfahren, die in Kapitel 8 bei der Istkostenrechnung besprochen wurden. Materiell aber erfolgen die Wertansätze zu **geplanten** Voll- oder Grenzkostensätzen.

Im Gegensatz zu den laufend durchzuführenden Nachkalkulationen der Istkostenrechnung muß die Plankalkulation nur einmal zu Beginn der Plankalkulation vorgenommen werden und bleibt solange konstant, bis sich die Plandaten ändern.

Bei der Kalkulation mit geplanten Vollkostensätzen spielt die sorgfältige Wahl des Planbeschäftigungsgrades eine wichtige Rolle, denn je nach Bezugsgröße werden sich in den Erzeugnissen unterschiedlich hohe Anteile verrechneter Fixkosten befinden. Das bedeutet entweder zu hohe Fixkostenanteile bei zu niedrig festgesetzter Planbeschäftigung oder zu niedrige Fixkostenanteile bei zu hoch festgesetzter Planbeschäftigung, wenn Ist- und Planbeschäftigung divergieren. Werden in der Plankalkulation korrekt ermittelte Einzelkostenstandards verwendet und sind die Plankostenverrechnungssätze an den optimalen Kapazitäten der Kostenstellen orientiert, dann enthalten die Plankalkulationsergebnisse von Zufälligkeiten und Unwirtschaftlichkeiten befreite Kostengüterverbrauchsmengen und eignen sich gut für die Preisstellung. Da auf längere Sicht Plan- und Istpreise auseinanderfallen können, die Selbstkosten auf lange Sicht aber gedeckt werden müssen, können die Abweichungen in Form von Zuschlägen in die Plankalkulation einbezogen werden[120]).

Im nachfolgenden Beispiel einer Planzuschlagskalkulation geht der Fertigungslohn in den Plankostensatz der Stelle ein und wird zusammen mit den übrigen Fertigungsgemeinkosten auf die Leistungseinheiten (Kostenträger) verrechnet.

---

[120]) Vgl. hierzu Mellerowicz, K., Kosten und Kostenrechnung, Bd. 2,2, 4. Aufl., Berlin 1968, S. 195 ff.

Planzuschlagskalkulation[121]

	DM	DM	DM
I. Planmaterialkosten			
1. Materialeinzelkosten			
(Planmenge $\times$ Planpreis)			
a) Fertigungsmaterial			
120 Einh. $\times$ 1,80 DM Planpr./Einh	216,—		
b) Fremde Zulieferungen			
30 Einh. $\times$ 0,50 DM Planpr./Einh.	15,—	231,—	
2. Materialgemeinkosten			
(0,08 DM für 1,— DM Plan-Mat.-Kosten		18,48	249,48
II. Planfertigungskosten			
1. Fertigungsstelle A:			
4 Fert.-Std. $\times$ 10,— DM Plank.			
Satz/F.-Std.	40,—		
2. Fertigungsstelle B:			
12 Fert.-Std. $\times$ 21,— DM Plank.			
Satz/F.-Std.	252,—		
3. Fertigungsstelle C:			
6 Masch.-Std. $\times$ 14,— DM Plank.			
Satz/Masch.-Std.	84,—		376, —
III. Sondereinzelkosten			
der Fertigung und Typenkosten			20,—
IV. Planherstellkosten (I + II + III)			645,48
V. Plan-Verwaltungs-			
und Vertriebskosten (15 % auf IV)			96,82
VI. Plan-Selbstkosten (IV + V)			742,30
VII. Zuschläge für Abweichungen			
1. Preisabw. beim Fert.-Material[122]			
(Istpreis 2,— DM je Einheit)	24,—		
2. Verbr.-Abw. beim Fert.-Material			
(9 % von I, 1 a)	19,44		
3. Fertigungskostenabweichung			
(15 % von II)	46,40		89,84
VIII. Kalk. Ist-Selbst-Kosten (VI + VII)			832,14
IX. Kalk. Gewinnzuschlag (10 % v. VIII)			83,21
X. Kalk. Preis (Reinerlös) (VIII + IX)			915,35
XI. Sondereinzelkosten des Vertriebes			56,—
XII. Angebotspreis (X + XI)			971,35

---

[121] Beispiel entnommen: Mellerowicz, K., Kosten ..., a. a. O., S. 196 f.

[122] Der Zuschlag für Preisabweichungen ergibt sich aus folgender Rechnung:
$$\text{Planmenge} \times (\text{Istpreis} \div \text{Planpreis})$$
in unserem Beispiel: $120 \times (2,0 \div 1,80) = 24,—$ DM.

Im Unterschied zur Plankalkulation auf Vollkostenbasis, verrechnet die **Plan-kalkulation auf Grenzkostenbasis** nur Grenzkosten (proportionale Kosten) auf die Kostenträger.

Will man die Fixkostenbeträge nachträglich auf die Kostenträger verteilen, kann man von Tragfähigkeitsprinzip[123]) ausgehen und die fixen Kosten den Kostenträgern soweit zurechnen, als sie vom Marktpreis her in der Lage sind, die Fixkostenanteile zu tragen.

11. Systemelemente der Teilkostenrechnung

Als Vollkostenrechnungssysteme[125]) werden Kostenrechnungen bezeichnet, die alle angefallenen Kosten auf die Kostenträger verrechnen. Teilkostenrechnungs-systeme verrechnen nur einen Teil der Kosten auf die Kostenträger und über-tragen den Kostenrest (meist die Fixkosten) auf anderem Wege in das Betriebs-ergebnis.

Die Teilkostenrechnung — in der amerikanischen Literatur unter dem Begriff **Direct Costing** bekannt — ist mit dem Begriff **Grenzkostenrechnung** identisch, wenn man von der Prämisse eines linearen Gesamtkostenverlaufs ausgeht, der für industrielle Betriebe als typisch angesehen wird. Die Grenzkostenrechnung trennt die Kosten in Fixkosten und Proportionalkosten und geht von der Prä-ändern. Auf die Leistungseinheit bezogen sind die variablen Kosten bei allen Beschäftigungsgraden konstant und damit die variablen Durchschnittskosten

Werden Erlöse mit in die Entscheidung der Grenzkostenrechnung einbezogen, wird diese Art der Rechnung als **Deckungsbeitragsrechnung** bezeichnet. misse aus, daß sich die variablen Kosten proportional zum Beschäftigungsgrad

Für Zwecke der Grenzkosten- und Deckungsbeitragsrechnung ist die Auflösung der Kosten in fixe und variable Bestandteile von besonderer Bedeutung. Nur durch die Kostentrennung ist es möglich, daß die Kostenrechnung neben Kostenkontrolle und Kalkulation die wichtige Aufgabe lösen kann, Unterlagen für dispositive Entscheidungen im Bereich der Produktions- und Absatzplanung, bei der Analyse und Planung des Periodenerfolges, der Bestimmung von Preis-untergrenzen, der Annahme oder Ablehnung von Zusatzaufträgen zu leisten, um nur einige wichtige Entscheidungsprobleme zu nennen.

----

[123]) Vgl. Kap. 2.2.

[125]) Vgl. hierzu Kap. 4.1.

Wie in der kurzfristigen Erfolgsrechnung[126]) bereits gezeigt, ist der Nettoerfolg eines Artikels — die Differenz zwischen Umsatz und Selbstkosten zu Vollkosten — keine brauchbare Größe zur Planung des zukünftigen Periodenerfolges.

Der Deckungsbeitrag (Bruttoerfolg) dagegen — die Differenz aus Bruttoerlös und proportionalen Kosten (Grenzkosten) — hat für dispositive Entscheidungen eine besondere Bedeutung, da mit seiner Hilfe schwerwiegende systembedingte Fehler einer Vollkostenrechnung (insbesondere der Istkostenrechnung) für kurzfristige Entscheidungen vermieden werden können. Die herkömmlichen Vollkostenrechnungen verfälschen die Situation, indem sie Fixkosten proportionalisieren und unterstellen, daß jeder Kostenträger anteilig an der Fixkostenentstehung beteiligt sei. Zwischen der Produktion **eines** Kostenträgers und den Fixkosten einer gegebenen Kapazität besteht keine reale Beziehung. Die Grenzkostenrechnung verzichtet konsequenterweise auf Fixkostenproportionalisierung. Fixkosten sollen aus dem Periodenergebnis gedeckt werden.

Nachfolgend sollen kurzfristige Planungsprobleme untersucht werden, die mit Hilfe der Grenzkostenrechnung — Deckungsbeitragsrechnung — als Grundlage für die Entscheidungsfindung der Unternehmung gelöst werden können und beispielhaft dargestellt werden.

Unter Deckungsbeitrag (Bruttoerfolg) wird der Betrag verstanden, der nach Abzug der Proportionalkosten vom Erlös zur Deckung von Fixkosten und Gewinn übrig bleibt.

$$\text{Deckungsbeitrag} = \text{Erlös} \div \text{proportionale Kosten}$$

Der Deckungsbeitrag kann sich beziehen auf den Deckungsbeitrag aller Kostenträger der Periode, einzelner Kostenträgergruppen oder eines Kostenträgers. Der Nettoerfolg **eines** Kostenträgers kann in der Deckungsbeitragsrechnung nicht ermittelt werden. Der Nettoerfolg des Betriebes ergibt sich, wenn vom Deckungsbeitrag aller Kostenträger die gesamten Fixkosten der Periode abgesetzt werden.

Eine Modifikation der Deckungsbeitragsrechnung besteht darin, den Fixkostenblock in Schichten aufzuteilen, indem Teile der Fixkosten den Kostenträgerarten — Kostenträgergruppen oder Kostenstellen (**nicht** dem einzelnen Kostenträger) zugerechnet werden[127]).

Dieses Verfahren läßt sich dann anwenden und stellt eine Verbesserung der Aussagefähigkeit der Kostenträgerrechnung dar, wenn bestimmte Fixkostenbeträge nur von bestimmten Kostenträgern, Kostenträgergruppen oder Kostenstellen verursacht werden.

---

[126]) Vgl. hierzu Kap. 9.

[127]) Vgl. Mellerowicz, K., Neuzeitliche Kalkulationsverfahren, Freiburg 1966, S. 159, und Kosten und Kostenrechnung, a. a. O., S. 84 ff.; ferner: Bussmann, K., Industrielles Rechnungswesen, Stuttgart 1963, S. 136 ff.. Zur Kritik an der stufenweisen Fixkostendeckungsrechnung Kilger, W., Flexible ..., a. a. O., S. 665.

Ein Beispiel einer stufenweisen Fixkostendeckung zeigt nachstehende Tabelle.

	Summe	Artikelgruppe I		Artikelgruppe II	
		Artikel a	Artikel b	Artikel c	Artikel d
Verkaufserlös	50 000	7 000	8 000	20 000	15 000
./. variable Herstell-, Verw. und Vertriebskosten	32 000	3 000	5 000	15 000	9 000
= Artikeldeckungsbeitrag I	18 000	4 000	3 000	5 000	6 000
./. den Artikeln zurechenbare Fixkosten	9 000	1 000	2 000	5 500	500
= Artikeldeckungsbeitrag II	9 000	3 000	1 000	./. 500	5 500
./. den Artikelgruppen zurechenbare Fixkosten	5 000	3 000		2 000	
= Artikelgruppendeckungsbeitrag	4 000	1 000		3 000	
./. Unternehmungsfixkosten	2 500				
= Betriebserfolg	1 500				

Tabelle 24

11.1. Gewinnorientierte Grenzkosten — Deckungsbeitragsrechnung

11.1.1. Kurzfristige Produktionsprogrammplanung bei freien Kapazitäten

Steht eine Unternehmung vor dem Problem, für die nächste Abrechnungsperiode das Produktionsprogramm festzulegen — welche Produkte in welchen Mengen — das den höchsten Gewinn für die Abrechnungsperiode erbringen soll, dann ist bei **freien** Kapazitäten in allen Teilbereichen der Unternehmung der Deckungsbeitrag die geeignete Größe, die angibt, welchen Betrag die Erzeugungseinheit zur Deckung der Fixkosten und Gewinnerzielung leistet.

Die Rangfolge der zu produzierenden Artikel richtet sich nach der Höhe der Deckungsbeiträge, wenn im nachfolgenden Beispiel die Prämissen gegeben sind:

● mit einer gegebenen Produktionskapazität lassen sich die verschiedenen Erzeugnisse erstellen,

● alle Erzeugnisse belasten die Produktionskapazität gleichmäßig, d. h. jede Einheit der zu erstellenden Erzeugnisse erfordert z. B. die gleiche Arbeitszeit/ Einheit,

● die Unternehmung kennt die zukünftige Absatzsituation, es bestehen keine Absatzhemmnisse.

Auf Grund nachstehender Daten soll die Unternehmung für die zukünftige Periode das gewinngünstigste Produktions- und Absatzprogramm planen.

Erzeugnis	A		B		C		Gesamt
Einheiten	1	6 000	1	2 100	1	3 000	11 100
Preis/Umsatz	20	120 000	10	21 000	15	45 000	
Proportional-kosten	8	48 000	6	12 600	5	15 000	
Deckungs-beitrag	12	72 000	4	8 400	10	30 000	110 400
Fixkosten	9	54 000	3	6 300	2	6 000	66 300
Erfolg	3	18 000	1	2 100	8	24 000	44 100

Tabelle 25

Grundlage für die Entscheidung hinsichtlich des zukünftigen Produktionsprogramms nach der **Vollkostenrechnung** wäre der Stückgewinn. Der Betrieb würde die Gesamtkapazität für die Erzeugung des Artikels C einsetzen, der den höchsten Stückerfolg von +8 erbringt, in Erwartung eines Plangewinns von 11 100 · 8 = 88 800,— DM. Tatsächlich wird der Gewinn jedoch nur 88 800 DM minus der nicht abbaubaren Fixkosten für die Artikel A und B (60 300) = 28 500 DM sein, die vom Erzeugnis C mitzutragen sind.

Richtig wäre bei gleichen Absatzchancen für A, B, C ausschließlich den Artikel A zu produzieren, dem auf Grund des höchsten Stückdeckungsbeitrages Priorität zukommt, wie die nachfolgende Rechnung für alternative Produktion der Artikel A, B, C ergibt.

Erzeugnis	A	B	C
Einheiten	11 100	11 100	11 100
Umsatz	222 000 (11 100 × 20,—)	111 000	166 500
∕. Proportionalkosten	88 800 (11 100 × 8)	66 600	55 500
= Deckungsbeitrag	133 200	44 400	111 000
∕. Gesamte Fixkosten	66 300	66 300	66 300
= Erfolg	+ 66 900	∕. 21 900	+ 44 700

Tabelle 26

11.1.2. Kurzfristige Produktionsprogrammplanung bei Engpässen

Gehen wir von der Unterstellung aus, die Unternehmung beabsichtigt die Erzeugnisse A, B, C mit ihren maximalen Absatzmengen für A 8000 Stück, B 2000 Stück und C 3000 Stück zu produzieren bei maximaler Fertigungskapazität des Engpasses von 4100 Masch. Std.

In einem Teilbereich des Betriebes den alle Erzeugnisse durchlaufen müssen, möge die Fertigungskapazität (z. B. Maschinenstunden) nicht ausreichen, um alle Erzeugnisse, die einen positiven Deckungsbeitrag liefern, in den möglichen Absatzmengen zu bearbeiten. Es besteht **ein Engpaß.**

Der Deckungsbeitrag pro Produkteinheit als einziges Kriterium bei Engpaßsituationen für die Steuerung des Produktions-Absatzprogramms reicht nicht aus.

In diesem Fall ist für die Ermittlung der Rangfolge der zu produzierenden Erzeugnisse der Deckungsbeitrag auf die Engpaßsituation zu beziehen, wenn der maximale Gewinn erzielt werden soll. Liegt der Engpaß bei den Fertigungskapazitäten, so ist der Deckungsbeitrag auf die knappe Fertigungskapazität zu beziehen, liegt er beim Absatz, dann auf die abzusetzende Erzeugniseinheit. Grundsätzlich kann ein Engpaß in allen Bereichen des Betriebes entstehen, wobei die Unternehmung versuchen wird, den höchstmöglichen Deckungsbeitrag pro Engpaßeinheit zu erzielen.

Der Deckungsbeitrag pro Einheit der Engpaßbelastung ermittelt sich nach der Formel:

$$\text{Deckungsbeitrag pro Einheit der Engpaßbelastung} = \frac{\text{Deckungsbeitrag (erzeugnisbezogener)}}{\text{Einheit der Engpaßbelastung}}$$

Gehen wir von der Unterstellung aus, die Unternehmung beabsichtigte 3 Erzeugnisse mit maximalen Absatzmengen für Erzeugnis A: 6000 Stück, B: 2100 Stück, und C: 3000 Stück zu produzieren. Die maximale Kapazität des Engpasses betrage 4100 Maschinenstunden.

Für diesen Fall ergibt sich auf Grund nachstehender Daten die Prioritätsskala: C B A

Der **erzeugnisbezogene** Deckungsbeitrag (Deckungsbeitrag/Einheit) mit der Prioritätsskala A C B ist wegen des Kapazitätsengpasses und der unterschiedlichen Kapazitätsbeanspruchung der knappen Kapazität nicht entscheidungsrelevant.

	A	B	C
Erzeugung	6000 Einheiten	2100 Einheiten	3000 Einheiten
Fertigungsminuten im Engpaß	36 Min.	10 Min.	15 Min.
Kapazitätsbeanspruchung	3600 Std.[1]	350 Std.	750 Std.
Preis pro Einheit	20,— DM	10,— DM	15,— DM
Proportionalkosten pro Einheit ·	8,— DM	6,— DM	5,— DM
Deckungsbeitrag pro Einheit	12,— DM	4,— DM	10,— DM
Deckungsbeitrag pro Einheit Engpaßbelastung	20,— DM/Std.[2]	24,— DM/Std.	40,— DM/Std.

[1] $6000 : \dfrac{60}{36} = 3600$

[2] $12\,\text{DM} : \dfrac{36}{60}\,\text{Std.} = 20\,\text{DM/Std.}$

Tabelle 27

Würde der erzeugnisbezogene Deckungsbeitrag (Deckungsbeitrag pro Einheit) zum Kriterium der Programmplanung genommen, ergäbe sich folgendes Bild.

Programmplanung nach Rangfolge des Deckungsbeitrages

Erzeugnis	Absatzmenge	Deckungsbeiträge	Kapazitäts-beanspruchung
A	6000	72 000	3600
C	2000	20 000	500
B	0	0	0
Deckungsbeiträge		92 000	4100
∹ Fixkosten		66 900	
= Erfolg		25 100	

Tabelle 28

Nach der Priorität werden die Erzeugnisse in der Reihenfolge A C B produziert. Nur bei Erzeugnis A kann die Absatzmenge voll ausgeschöpft werden. Erzeugnis C kann nur mit 2000 Einheiten hergestellt werden. Erzeugnis B kann nicht mehr ins Programm aufgenommen werden. Der geplante Gewinn beträgt 25 100 DM.

Das gewinnmaximale Produktions- und Absatzprogramm auf den Deckungsbeitrag pro Einheit Engpaßbelastung bezogen ergibt eine Erzeugnisfolge von C B A und erbringt einen um 6000 DM höheren Gewinn.

Programmplanung nach Rangfolge des Deckungsbeitrages

pro Einheit der Engpaßbelastung

Erzeugnis	Absatzmenge	Deckungsbeiträge	Kapazitäts-beanspruchung
C	3000	30 000	750
B	2100	8 000	350
A	5000	60 000	3000
Deckungsbeiträge		98 000	4100
⅄ Fixkosten		66 900	
= Erfolg		31 100	

Tabelle 29

Über die Annahme oder Ablehnung eines **Zusatzauftrages** bei einer Engpaßsituation entscheidet ebenfalls der Deckungsbeitrag pro Einheit Engpaßbelastung den der Zusatzauftrag leisten kann. Ist er größer als der eines für das
Programm geplanten Erzeugnisses, kann die Gewinnsituation durch Aufnahme
des Zusatzauftrages ins Programm verbessert werden.

Der Zusatzauftrag, Erzeugnis D, wird der Unternehmung zu folgenden Bedingungen angeboten:

3000 Einheiten; Preis pro Einheit 12,— DM

Die Unternehmung entscheidet sich für die Annahme des Zusatzauftrages, denn
sie ermittelt:

7,— DM proportionale Kosten/Einheit: Die Fertigungszeit im Engpaß beträgt
10 Minuten pro Einheit.

Der Deckungsbeitrag pro Einheit:

Verkaufspreis	12,— DM
⅄ prop. Kosten	7,— DM
= Deckungsbeitrag	5,— DM

Dann beträgt der Deckungsbeitrag pro Einheit Engpaßbelastung

$$5 : \frac{10}{60} = 30 \text{ DM/Std.}$$

Die Kapazitätsbeanspruchung beträgt: $3000 : \dfrac{60}{10} = 500 \text{ Std.}$

Für die kurzfristige Produktions- und Absatzplanung wird der Zusatzauftrag D
tunlichst berücksichtigt, da er die Gewinnsituation verbessert.

Programmplanung unter Berücksichtigung des Deckungsbeitrages
eines Zusatzauftrags bei Engpaßbelastung

Erzeugnis	effektive Absatzmenge	Deckungsbeiträge	Kapazitäts- beanspruchung
C	3000	30 000	750
D	3000	15 000	500
B	2100	8 000	350
A	4167	50 000	2500
Deckungsbeiträge	103 000		4100
./. Fixkosten	66 900		
= Erfolg	36 100		

Tabelle 30

Liegt in der Unternehmung **mehr als ein Engpaß** vor, dann reicht die Umrechnung der erzeugnisbezogenen Deckungsbeiträge auf den Deckungsbeitrag der Engpaßbelastung nicht mehr aus, sondern es sind mathematische Methoden anzuwenden, um z. B. den Maximalgewinn der zukünftigen Periode zu planen.

Hier kann z. B. das Simplexverfahren angewandt werden.

Nachfolgendes Beispiel soll diese Methode für das anstehende Problem mehrerer Engpässe im Fertigungsbereich verdeutlichen, wobei zum Verständnis auf die einschlägige mathematische Literatur verwiesen wird[128]).

Eine Unternehmung benötigt für die Herstellung 4 verschiedener Produkte, drei verschiedene Kostenstellen. Es stehen ihr 100 Einheiten der Einsatzgröße A, 190 Einheiten der Einsatzgröße B und 160 Einheiten der Einsatzgröße C zur Verfügung.

Nach den technologischen Angaben braucht man zur Herstellung einer Einheit

des ersten   Produktes je 2, 1, 0 bzw. ½ Einheiten,

des zweiten Produktes je 3, 2, 2 bzw. 2 Einheiten,

des dritten Produktes je 0, 0, 4 bzw. 4 Einheiten

der verschiedenen Einsatzgrößen.

---

[128]) Baumann, H., u. andere, Lehrbuch der Mathematik für Wirtschaftswissenschaften, Opladen 1972, S. 257 ff.; Müller-Merbach, H., Operations Research, Berlin - Frankfurt 1970, S. 90 ff.; Stahlknecht, P., Operations Research, Braunschweig 1970, 2. Aufl., S. 62 ff.

Auf Grund der betrieblichen Kalkulation erbringt jedes Stück

des ersten   Produktes 42 Einheiten Deckungsbeitrag,

des zweiten Produktes 60 Einheiten Deckungsbeitrag,

des dritten Produktes 50 Einheiten Deckungsbeitrag,

des vierten Produktes 80 Einheiten Deckungsbeitrag.

Die Fragestellung lautet: Wieviel Stück muß die Unternehmung von den einzelnen Produkten herstellen, um den maximalen Gewinn zu erzielen?

Kostenstelle \\ Produkt	Maschinenstunden pro Stück				Kapazität der Kostenstellen
	1	2	3	4	
A	2	1	0	$1/2$	100
B	3	2	2	2	190
C	0	0	4	4	160
Deckungsbeitrag pro Stück	42	60	50	80	

Tabelle 31

Zielfunktion:

$$Z = 42x_1 + 60x_2 + 50x_3 + 80x_4 \rightarrow \text{Max.}$$

$$2x_1 + x_2 \qquad + 1/2\, x_4 \leq 100$$

$$3x_1 + 2x_2 + 2x_3 + 2x_4 \leq 190$$

$$4x_3 + 4x_4 \leq 160$$

Durch Einführung von Schlupfvariablen wird das Ungleichungssystem in folgendes Gleichungssystem überführt:

$$2x_1 + x_2 \qquad + 1/2x_4 + x_5 \qquad = 100$$

$$3x_1 + 2x_2 + 2x_3 + 2x_4 \qquad + x_6 \qquad = 190$$

$$4x_3 + 4x_4 \qquad + x_7 = 160$$

Nr. der Gleichung	Nr. der Basisvariablen	Bewertungskoeffizient	Kapazität der Kostenstelle gemessen in Masch.-Std.	Variable Nr. 1	2	3	4	5	6	7	
				Bewertungskoeffizient							
				42	60	50	80	0	0	0	Q
1	5	0	100	2	1	0	$1/2$	1	0	0	200
2	6	0	190	3	2	2	2	0	1	0	95
3	7	0	160	0	0	4	4	0	0	1	40
			0	—42	—60	—50	—80	0	0	0	
1	5	0	80	2	1	—$1/2$	0	1	0	—$1/8$	80
2	6	0	110	3	2	0	0	0	1	—$1/2$	55
3	4	80	40	0	0	1	1	0	0	$1/4$	
			3200	—42	—60	30	0	0	0	20	
1	5	0	25	$1/2$	0	—$1/2$	0	1	—$1/2$	$1/8$	
2	2	60	55	$3/2$	1	0	0	0	$1/2$	—$1/4$	
3	4	80	40	0	0	1	1	0	0	$1/4$	
			6500	48	0	30	0	0	30	5	

Tabelle 32

Lösung:

$x_1 = 0 \quad x_2 = 55 \quad x_3 = 0 \quad x_4 = 40$

$Z = 6500$ DM Deckungsbeitrag

Es verbleibt eine Restkapazität $x_5 = 25$ Maschinenstunden

Um den Nettogewinn der Unternehmung zu ermitteln, muß von 6500 DM der Fixkostenblock abgesetzt werden.

Das Modell läßt sich durch Einführung weiterer Variablen an die Unternehmenswirklichkeit problemlos annähern.

12. Methoden der Kostenauflösung

12.1. Voraussetzungen für die Anwendung dieser Methoden

Außer der schon genannten Linearitätsprämisse, die Grundlage der gesamten flexiblen Plankostenrechnung ist, müssen noch einige Voraussetzungen erfüllt sein, bevor eine Auswertung der Kostendaten mittels mathematischer Methoden erfolgen kann.

Zuerst müssen für alle Kostenstellen die nach Kostenarten differenzierten Istkosten und die zugehörigen Istbezugskosten für eine größere Anzahl von Abrechnungsperioden erfaßt werden. Hierbei ist darauf zu achten, daß sich eventuelle Saison- und Jahreszeiteneinflüsse ausgleichen. Dann müssen die Istkosten bereinigt werden, d. h. die Einflüsse aller Kostenbestimmungsfaktoren mit Ausnahme der gewählten Bezugsgröße müssen eliminiert werden. Sind die erfaßten Istkosten noch nicht auf Grund von Planpreisen ermittelt oder soll das bis dato verwendete Planpreissystem geändert werden, so müssen sie zunächst auf das neueste Planpreisniveau umgerechnet werden. Außerdem sind die Istkosten von Fehlkontierungen und von Einflüssen innerbetrieblicher Unwirtschaftlichkeiten zu bereinigen und eventuellen Änderungen der Kapazität, der Fertigungsverfahren und des organisatorischen Aufbaus anzupassen. Nur wenn diese Bereinigung gründlich durchgeführt wird, kann man durch Anwendung statistisch-mathematischer Methoden zu Sollkosten in der analytischen Gemeinkostenplanung kommen.

In der Praxis erfordert eine Behandlung der Bereinigung der Istkosten intensive Mengen- und Zeitplanungen. Dies ist vor allem bei Einführung einer flexiblen Plankostenrechnung mit großen Schwierigkeiten verbunden, da die hierzu notwendigen Aufschreibungen in der Regel überhaupt nicht oder nicht in geeigneter Weise vorhanden sind und somit erst langwierig aufbereitet werden müssen. Ein spezielles Problem der Bereinigung der Istkosten ist in der Praxis das Beseitigen von Einflüssen stoßweiser oder permanent auftretender Unwirtschaftlichkeiten, da diese Einflüsse nur sehr schwer zu erkennen sind. Selbst wenn aber ihr Vorhandensein erkannt wird, ist es bei den statistisch-mathematischen Methoden der Gemeinkostenplanung nicht möglich, die Einflüsse dieser Unwirtschaftlichkeiten zu quantifizieren. Dazu wäre man nur in der Lage, wenn die Sollkosten unabhängig von den Istkosten vergangener Perioden geplant würden. Die Bereinigung der Istkosten ist also in der Praxis nicht so leicht durchführbar, wie sie sich in der Theorie anhört.

12.2. Die Methode des Streupunktdiagramms — Ein Regressionsverfahren

Die Regressions- oder Korrelationsverfahren, man spricht auch oft von Regressionsanalysen, führen die Entwicklung der zu prognostizierenden Größe auf einen oder mehrere Einflußfaktoren (einfache oder multiple Regression oder Korrelation) zurück und versuchen, quantitativ bestimmbare Abhängigkeitsbeziehungen aufzudecken (Korrelationsanalyse von Zeitreihen und deren Bestimmungsfaktoren). Nach Feststellung der Korrelation zwischen der zu prognostizierenden Zeitreihe und den Einflußfaktoren wird das festgestellte Problem auf die Erklärungsgrößen verlagert.

Die Methode des Streupunktdiagramms ist eine einfache Regressionsanalyse, die nur die Einwirkung eines Bestimmungsfaktors auf die zu prognostizierende Größe untersucht. Angewendet auf das hier zu behandelnde Problem bedeutet das folgendes:

Das Problem, die Gemeinkostenplanung oder auch die Voraussage der Gemeinkosten für die nächste Periode, wird auf eine Erklärungsgröße, die Bezugsgröße (Beschäftigung), verlagert und somit der Einfluß der Beschäftigung auf die Kosten untersucht.

12.2.1. Theoretische Grundlagen — Einfache Korrelationsrechnung in bezug auf das abzuhandelnde Problem

Der Zusammenhang zwischen Kosten und Bezugsgröße einer Kostenstelle kann mit Hilfe der Korrelationsrechnung durch eine Kurve wiedergegeben werden, die durch graphische Auftragung zusammengehöriger Werte entsteht. Trägt man eine Reihe beobachteter Wertepaare (x, y oder Bezugsgröße, Istkosten) der beiden Veränderlichen x und y, zwischen denen irgendein mehr oder weniger strenger gesetzmäßiger Zusammenhang besteht, im x, y-Koordinatensystem, Streupunktdiagramm, ein, so kann man als Grenzfälle folgende Bilder erhalten:

① Die Punkte, welche die einzelnen Wertepaare darstellen, reihen sich zu einem eindeutigen, stetigen Kurvenverlauf aneinander. Die eingezeichnete Kurve gestattet dann, zu jedem x-Wert einen eindeutig bestimmten y-Wert abzulesen. Bezogen auf das hier zu behandelte Problem: Für jeden Bezugsgrößenwert kann man einen eindeutig bestimmten Kostenwert ablesen. Für die Beziehung zwischen den untersuchten Veränderlichen x und y bedeutet das einen klaren funktionalen Zusammenhang.

② Die Punkte streuen im ganzen Feld und zeigen keinerlei Tendenz, sich zu irgendeiner Kurve zu gruppieren. Für jeden Wert der unabhängig Veränderlichen x ist dann jeder beliebige Wert der abhängigen Veränderlichen y möglich, beide Veränderliche sind ohne jeden Einfluß aufeinander. Auf das hier behandelte Problem bezogen: Für jeden Bezugsgrößenwert können mehrere Istkostenwerte vorhanden sein.

Diese beiden Möglichkeiten, funktionaler Zusammenhang und völlige Unabhängigkeit, sind die beiden Pole, zwischen denen die meisten Fälle der Praxis liegen, denn in der Regel werden die Punkte im Streupunktdiagramm eine Tendenz zeigen, sich mehr oder weniger lose zu einem bestimmten Kurvenverlauf zu gruppieren. Die eindeutige Kurve des funktionalen Zusammenhangs scheint gewissermaßen verwaschen.

Dieser Vorgang der Streuung läßt sich auf den mathematischen Begriff der „Zufallsschwankung" zurückführen. Diese ist nicht nur dadurch bedingt, daß der Faktor Mensch mit all seinen Imponderabilien maßgeblich im Spiel ist. Außerdem wird bei der Messung jeder betriebswirtschaftlichen Größen immer eine Anzahl von veränderlichen Faktoren unberücksichtigt bleiben müssen, will man sich nicht ins Uferlose verlieren. Im allgemeinen haben sie keine Bedeutung, da sie sich weitgehend gegenseitig aufheben. Sie können sich aber zufälligerweise alle in einer Richtung auswirken, so daß scheinbar ohne erkennbare Ursache Abweichungen vom Durchschnittswert und somit Streuungen auftreten.

12.2.2. Anwendung des Streupunktdiagramms an Hand eines Beispiels

Das Streupunktdiagramm ist die einfachste Auswertungsmethode der Einflußgrößenrechnung und für die Gemeinkostenplanung leicht anwendbar. Sie ist insbesondere dann zu empfehlen, wenn weitergehende theoretische Ermittlungen zu schwierig und bedingt durch einen zu großen organisatorischen und zeitlichen Aufwand zu teuer sind.

In einem Streupunktdiagramm werden auf der Abzisse die erfaßten Istbezugsgrößen und auf der Ordinate die zugehörigen bereinigten Istwerte der betreffenden Kostenarten aufgetragen. Durch das so entstehende Streuband wird eine Gerade gezogen, die die Streuung nach Augenmaß möglichst gut ausgleicht. Diese Gerade bildet dann eine lineare Gemeinkostenkurve, die entweder unmittelbar als Sollkostenkurve vorgegeben oder noch um vermutete Unwirtschaftlichkeiten, die vorher nicht bereinigt werden konnten, korrigiert wird.

Als Beispiel für die Gemeinkostenplanung mit Hilfe eines Streupunktdiagramms wird hier die Planung von Stromkosten in einer beliebigen Kostenstelle, z. B. Fräserei/Bohrerei, gezeigt. Die statistischen Ermittlungen haben die in Tab. 33 aufgeführten Werte über den Kostenverlauf in Beziehung zum Beschäftigungsgrad, gemessen in Fertigungsstunden, ergeben. Diese Tabelle ist in bezug auf das zu erstellende Streupunktdiagramm zu unübersichtlich. Sie wird deshalb nach der unabhängigen Variablen, der Bezugsgröße = Fertigungsstunden geordnet und erhält dann das in Tab. 34 gezeigte Bild.

Die Werte der Tab. 34 können jetzt einfach und schnell als „Wertepaare", d. h. Koordinaten der einzelnen Punkte, in ein Koordinatensystem aufgetragen werden. So erhält man das für die meisten Streupunktdiagramme in der Gemeinkostenplanung typische Streuband. Durch dieses Streuband der Kosten muß nun eine Gerade gelegt werden, welche die Streuung so gut wie möglich ausgleicht (siehe Abb. 26a).

Die in der Abb. 26a graphisch ermittelte Gerade kann als Sollkostenkurve in Form einer Funktion vorgegeben werden. Diese Funktion wird wie folgt ermittelt. Für eine Planbezugsgröße x, z. B. 20 000 Fertigungsstunden, werden die Gesamtkosten ermittelt. Sie betragen 1200,— DM. Aus diesen Gesamtkosten erhält man durch Abzug der Fixkosten von 750,— DM die proportionalen Kosten von 450,— DM. Man erhält dann als proportionale Kosten pro Bezugsgrößeneinheit 0,0225 DM (450 DM : 20 000 FStd.).

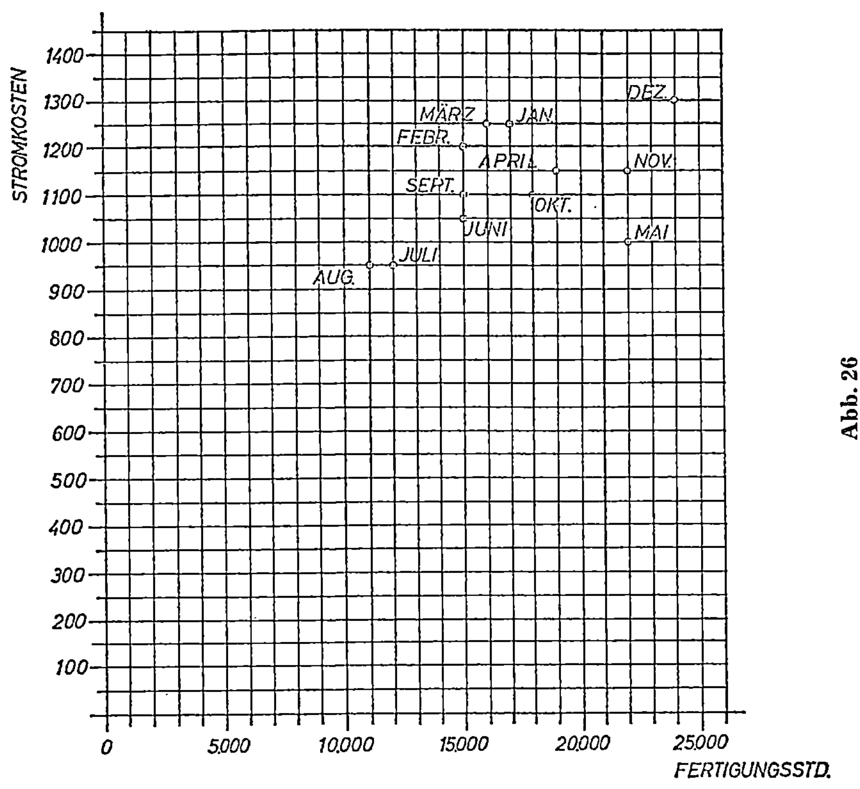

Abb. 26

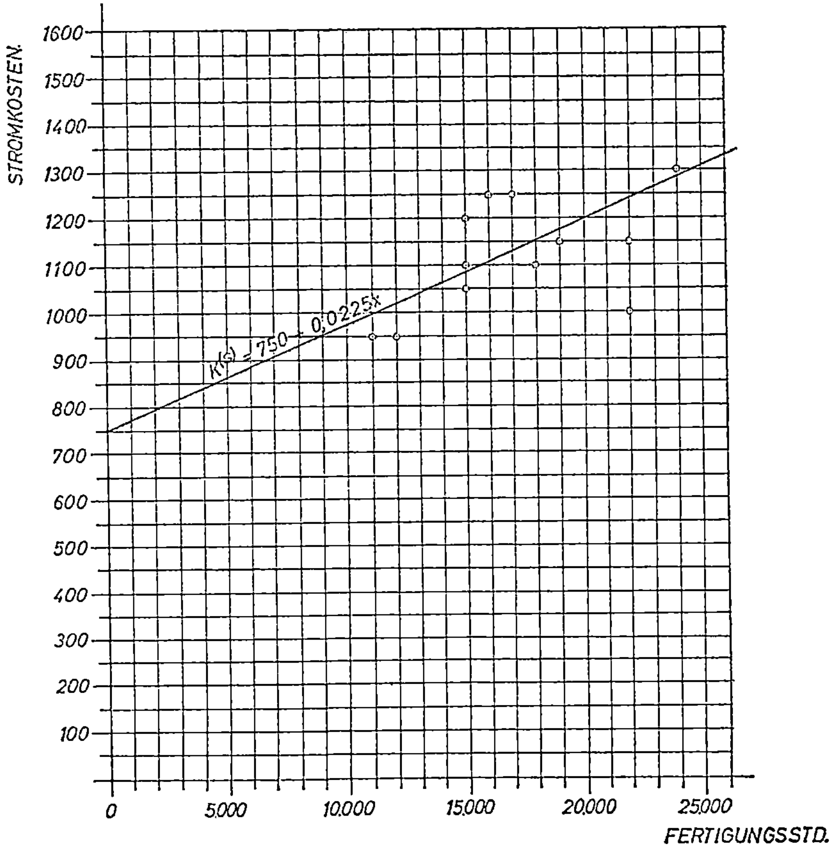

Abb. 26 a

Monat	Bezugsgröße Fertigungsstunden	Bereinigte Istkosten Stromkosten in DM
Januar	17 000	1 250
Februar	15 000	1 200
März	16 000	1 250
April	19 000	1 150
Mai	22 000	1 000
Juni	15 000	1 050
Juli	12 000	950
August	11 000	950
September	15 000	1 100
Oktober	18 000	1 100
November	22 000	1 150
Dezember	24 000	1 300

Tabelle 33

Monat	Bezugsgröße Fertigungsstunden	Bereinigte Isktsoten Stromkosten in DM
August	11 000	950
Juli	12 000	950
Juni	15 000	1 050
Februar	15 000	1 200
September	15 000	1 100
März	16 000	1 250
Januar	17 000	1 250
Oktober	18 000	1 100
April	19 000	1 150
Mai	22 000	1 000
November	22 000	1 150
Dezember	24 000	1 300

Tabelle 34

Dieser Satz ist x oder gleich den Grenzkosten. Es ergibt sich somit folgende Funktion für die in Abb. 26 a eingetragene Ausgleichsgerade der Sollgemeinkosten $K^{(s)}$:

$$K^{(s)} = 750 + 0{,}0225\,x$$

12.2.3. Kritik und Grenzen der Anwendung des Streupunktdiagramms

Obwohl die Methode des Streupunktdiagramms aus den oben schon genannten Gründen in der Praxis weit verbreitet ist und sie als eine „Lösung der Praxis" bezeichnet wird, bietet sie in einem Punkt starken Anlaß zur Kritik. Durch das Eintragen der Ausgleichsgeraden nach „Augenmaß" fehlt dieser Methode die theoretische Grundlage und die Objektivität. Dies führt in der Regel in der Praxis zu Ungenauigkeiten, die auch durch spätere Korrekturen kaum ausgeglichen werden können.

Problematisch ist die Anwendung des Streupunktdiagramms, wenn die Beschäftigung in den einzelnen Kostenstellen relativ stabil ist. Die Auswertung der statistisch ermittelten Werte und ihre Übertragung in ein Koordinatenkreuz führen dann zu einer wie in Abb. 27 gezeigten „Streupunktballung".

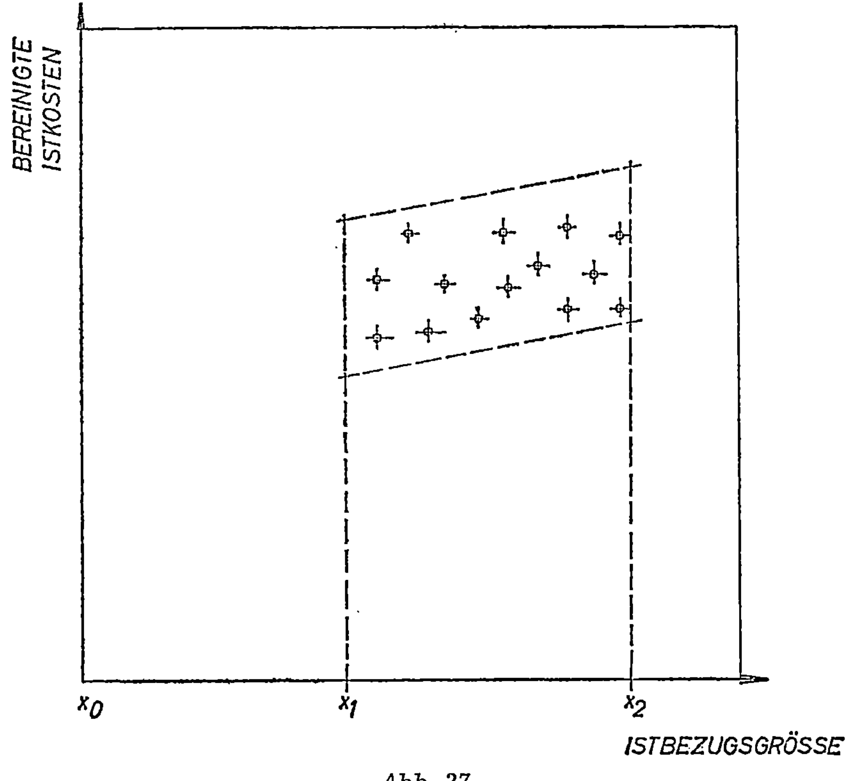

Abb. 27

Es ist nun schwer zu entscheiden, wo man durch diese Punkte eine Ausgleichsgerade legen soll. Kommt man trotzdem zu einem Entschluß, so wird diese Ausgleichsgerade, wie sie auch immer verlaufen mag, kaum als Sollkostenkurve vorgegeben werden können, da die starken Abweichungen zu große Ungenauigkeiten bewirken würden.

An diesem Punkt sind eindeutig die Grenzen der Anwendbarkeit der Streupunktdiagramme erreicht.

12.3. Die Hoch-Tief-Punkt-Methode

Im Zusammenhang mit dem Streupunktdiagramm wird in der Literatur oft die
Hoch-Tief-Punkt-Methode behandelt, deshalb wird auch hier kurz auf sie eingegangen. Sie entspricht der Schmalenbachschen Kostenauflösung. Hierbei
werden aus den ermittelten Istkosten und Istbezugsgrößen, zwei Wertepaare
ausgewählt, die so weit wie möglich auseinanderliegen, also einen Hoch- und
einen Tiefpunkt bilden. Diese beiden Wertepaare haben die Koordinaten x_1, K_1
und x_2, K_2. (Siehe Abb. 28.)

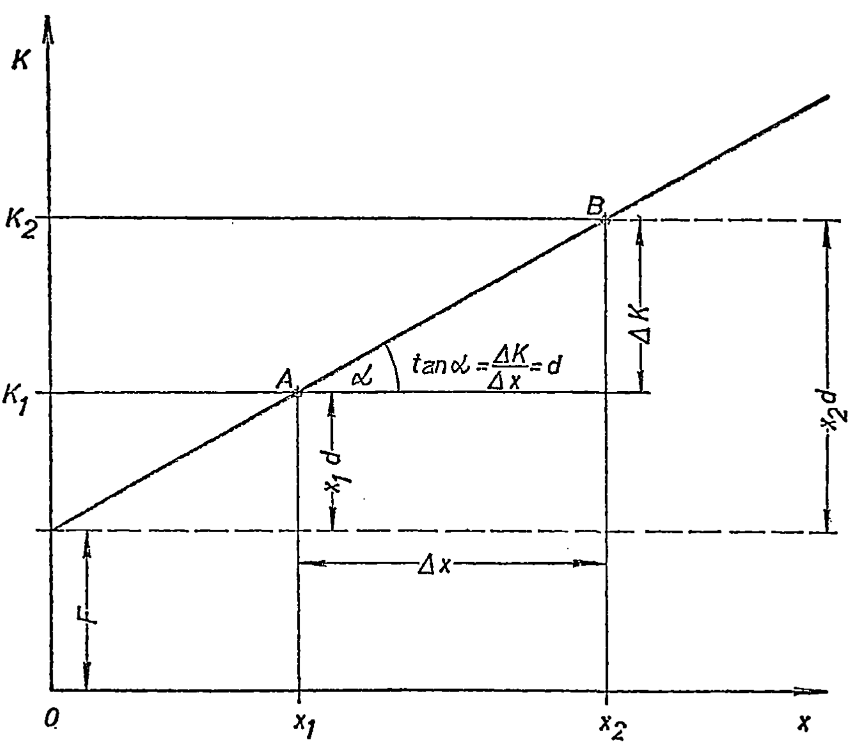

Abb. 28: Graphische Darstellung der Hoch-Tief-Punkt-Methode

Sind beim Beschäftigungsgrad x_1 die Kosten K_1 und beim Beschäftigungsgrad x_2
die Kosten K_2, so sind die Kosten $K_2 - K_1$ = proportionale Kosten, und zwar
für die Produktionsmenge $x_2 - x_1$. Daraus ergibt sich nach Schmalenbach[129]
folgende Formel zur Berechnung der proportionalen Kosten pro Bezugsgröße,
der „proportionale Satz".

$$d = \frac{K_2 - K_1}{x_2 - x_1} = \frac{\Delta K}{\Delta x}$$

Mit Hilfe dieses proportionalen Satzes d können nun nach Schmalenbach die Gesamtkosten eines jeden Beschäftigungsgrades in einen proportionalen und einen fixen Teil aufgelöst werden. Multipliziert man die jeweilige Produktionsmenge, z. B. x_1 oder x_2 mit dem proportionalen Satz d und subtrahiert man die so erhaltenen proportionalen Kosten von den Gesamtkosten z. B. K_1 oder K_2, so erhält man die fixen Kosten F:

$$F = K_1 - dx_1$$
$$\text{oder} \qquad F = K_2 - dx_2$$

Die Ausgleichsgerade (siehe Abb. 28) wird also durch die Fixkosten F und den proportionalen Satz d festgelegt, der nichts anderes ist als der tan des Steigungswinkels und somit die Steigung der Kostengeraden ausdrückt.

Die Hoch-Tief-Punkt-Methode oder mathematische Kostenauflösung ist wie das Streupunktdiagramm in der Gemeinkostenplanung anwendbar. Auf ein Beispiel wird hier verzichtet, da es sich im Prinzip um die gleichen Probleme wie bei der Methode des Streupunktdiagramms, nur in kürzerer Fassung, handelt.

Die Hoch-Tief-Punkt-Methode hat gegenüber der Methode des Streupunktdiagramms den Vorteil, daß sie ohne graphische Darstellung zu dem gewünschten Ergebnis kommt. Dieser Vorteil bedingt jedoch zugleich einen Nachteil, denn die mathematische Kostenauflösung bezieht nur zwei Punkte ins Kalkül und ist somit in viel stärkerem Maße zufallsabhängig als die Methode des Streupunktdiagramms, die auf Grund aller verfügbaren Beobachtungswerte zu Ausgleichsgeraden kommt. Außerdem besteht bei der Auswahl von nur zwei Punkten die Gefahr, daß die Linearitätsprämisse nicht beachtet wird, und man so bei progressiven Gesamtkostenverlauf zu negativen Ergebnissen kommt („fixe Erträge")[130].

12.4. Die Methode der kleinsten Quadrate

12.4.1. Theoretische Grundlagen — von der einfachen Korrelationsrechnung zum Gauss'schen Prinzip

Jede betriebswirtschaftliche Größe läßt sich als Summe von schwankenden Elementar-Veränderlichen auffassen, z. B. die Kosten als Summe von einzelnen Kostenelementen. Die Abhängigkeit einer solchen Summe von einer anderen, z. B. Kosten und Bezugsgröße (Beschäftigung), läßt sich mathematisch wie folgt ausdrücken:

$$y = A_0 + A \cdot x$$

oder in Worten: Eine Summe schwankender Veränderlicher (y) kann im allgemeinen durch Hinzufügen eines Proportionalitätsfaktors (A) und einer positiven

---

[129] Schmalenbach, E., Kostenrechnung und Preispolitik, 8. Aufl., Köln – Opladen 1963, S. 76 ff.
[130] Vgl. hierzu Medicke, W., Die Gemeinkosten in der Planungsrechnung, Betriebswirtschaftliche Forschungen, Bd. 6, Berlin 1956, S. 77.

oder negativen Konstanten A_0 durch eine ähnliche Summe (x) ausgedrückt werden.

Diese Unterstellung genau funktionalen Zusammenhangs ist, wie schon aus den Ausführungen zu 12.2.1. zu ersehen war, nicht immer gegeben. Der Grund hier-ausschließlich durch die gewählte unabhängige Veränderliche x bestimmt wer-für ist darin zu suchen, daß die Werte der abhängigen Veränderlichen y nicht den. Es sind noch mehrere andere nicht berücksichtigte Faktoren im Spiel. Je nachdem, wie stark der Einfluß der gewählten Veränderlichen x gegenüber diesen unberücksichtigt gebliebenen Einflüssen überwiegt, nähert sich das zwischen Veränderlichen x und y bestehende Abhängigkeitsverhältnis dem funktionalen Zusammenhang, d. h. anschaulich einer eindeutigen Kurve.

Diese Art der Verbundenheit zweier Veränderlicher nennt man stochastisch oder korreliert. Ein stochastisches Abhängigkeitsgesetz liefert zu jedem Wert der unabhängigen Veränderlichen x nicht einen bestimmten Wert der abhängigen Veränderlichen y, wie im Fall funktionaler Abhängigkeit, sondern eine bestimmte Verteilungsfunktion V (y), nach deren Maßgabe das Auftreten bestimmter Zahlenwerte aus dem Wertevorrat der Veränderlichen y zu erwarten ist. Im Durchschnitt ist für einen bestimmten x-Wert mit dem arithmetischen Mittel der entsprechenden Verteilungskurve V (y) als zugehörigem y-Wert zu rechnen. Bestimmt man für jeden x-Wert diesen „Erwartungswert", so müssen sie alle auf einer der beiden sogenannten „Regressionslinien" liegen. Die andere erhält man, indem man zu jedem y-Wert die durchschnittlich zu erwartenden x-Werte errechnet.

Bei funktionalem Zusammenhang kann man mit einer Gleichung für jeden x-Wert den zugehörigen y-Wert und umgekehrt für jeden y-Wert den zugehö-rigen x-Wert berechnen. Das ist bei Vorliegen eines stochastischen Abhängig-keitsgesetzes nicht möglich. Hier sind zwei Gleichungen, den beiden Regres-sionslinien entsprechend, erforderlich, von denen die eine zu jedem y-Wert den durchschnittlich zu erwartenden x-Wert angibt, jedoch nicht umgekehrt den für einen bestimmten x-Wert im Durchschnitt zu erwartenden y-Wert. Für diese Fragestellung ist die andere Regressionsgleichung zu verwenden.

Je näher die beiden Regressionslinien einander liegen, desto mehr nähert sich der stochastische Zusammenhang zwischen den beiden Veränderlichen x und y dem rein funktionalen Zusammenhang, desto „strammer" wird die Korrelation. Für rein funktionale Abhängigkeit fallen beide Regressionslinien zusammen. In Anlehnung an diesen geläufigeren Fall kann man die beiden Regressions-linien und damit das gesamte Kollektiv auch nach dem Gaußschen Prinzip des kleinsten Zwangs durch eine einzelne „mittlere Regressionsgerade" näherungs-weise wiedergeben und dann den gewohnten funktionalen Zusammenhang unterstellen. Dieser Denkungsweise bedient sich heute die „Methode der klein-sten Quadrate". Sie verzichtet daher auf die Untersuchung von Korrelationen und geht zur Berechnung eines Trends in verstärktem Maß von der Analyse ge-gebener Zeitreihen aus.

12.4.2. Anwendung der Methode der kleinsten Quadrate an Hand eines Beispiels

Wenn man auf Grund visueller Prüfung eine Ausgleichsgerade in das Streupunktdiagramm einzeichnet, so können die Werte für die Fixkosten (F) und die variablen Kosten pro Einheit (d) aus der graphischen Darstellung abgelesen werden. Hat man genügend Zeit und scheut keine zusätzlichen Kosten, so kann man die Werte auch rechnerisch mit Hilfe der Methode der kleinsten Quadrate unter Benutzung folgender Formel ermitteln:

$$\sum_{i=1}^{n} K_i = F_n + d \sum_{i=1}^{n} x_i$$

$$\sum_{i=1}^{n} x_i K_i = F \sum_{i=1}^{n} x_i + d \sum_{i=1}^{n} x_i^2$$

In diesen Formeln bedeuten:

K = Gesamtkosten der Kostenart einer Kostenstelle

F = Fixkosten

d = variable Kosten pro Einheit
   (bei linearem Kostenverlauf, der hier Voraussetzung ist, sind sie gleich den Grenzkosten)

x = Bezugsgröße

n = Anzahl der Paare von Beobachtungswerten
   (Punkte im Streupunktdiagramm)

Die Anwendung der Methode der kleinsten Quadrate wird hier an dem gleichen Beispiel wie bei der Methode des Streupunktdiagramms gezeigt, damit es möglich ist, die mit den beiden Methoden erzielten Ergebnisse zu vergleichen.

Aus der Tab. 34 werden zur rechnerischen Bestimmung der Größen F und d in bezug auf die hierbei anzuwendenden Formeln die folgenden Werte der Tab. 35 abgeleitet.

Monat	x_i Fertigs. Stunden	x_i^2	K_i Stromkosten	$x_i K_i$
Aug.	11 000	121 000 000	950	10 450 000
Juli	12 000	144 000 000	950	11 400 000
Juni	15 000	225 000 000	1 050	15 750 000
Febr.	15 000	225 000 000	1 200	18 000 000
Sept.	15 000	225 000 000	1 100	16 500 000
März	16 000	256 000 000	1 250	20 000 000
Jan.	17 000	289 000 000	1 250	21 250 000
Okt.	18 000	324 000 000	1 100	19 800 000
April	19 000	361 000 000	1 150	21 850 000
Mai	22 000	484 000 000	1 000	22 000 000
Nov.	22 000	484 000 000	1 150	25 300 000
Dez.	24 000	576 000 000	1 300	31 200 000
	$\sum\limits_{i=1}^{n} x_i$	$\sum\limits_{i=1}^{n} x_i^2$	$\sum\limits_{i=1}^{n} K_i$	$\sum\limits_{i=1}^{n} x_i K_i$
	206 000	3 714 000 000	13 450	233 500 000

Tab. 35

Setzt man die Hilfsgrößen (Summenwerte) aus Tab. 35 in die obenstehenden Formeln ein, so erhält man die beiden Bestimmungsgleichungen für F und d:

$$13\,450 = 12\,F + 206\,000\,d$$

$$233\,500\,000 = 206\,000\,F + 3\,714\,000\,000\,d$$

Nach Auflösung dieser beiden Gleichungen erhält man die Funktion für die Ausgleichsgerade, die als Sollkostenkurve für die Gemeinkosten vorgegeben werden kann

$$K^{(s)} = 868{,}50 + 0{,}0147\,x$$

Im Vergleich hierzu führte die Methode des Streupunktdiagramms zu der Funktion

$$K^{(s)} = 750 + 0{,}0225\,x$$

für die Ausgleichsgerade. In dem hier gewählten Beispiel sind die Unterschiede zwischen den erzielten Ergebnissen recht groß, was durch die starke Streuung (siehe Abb. 26) verursacht wird. Der Unterschied läßt sich noch deutlicher an dem Vergleich der graphischen Darstellung beider Funktionen feststellen (siehe Abb. 29).

$$
\begin{array}{rcl}
13\,450 &=& 12\,F + 206\,000\,d \,/\, \cdot - 17167 \\
233\,500\,000 &=& 206\,000\,F + 3\,714\,000\,000\,d \\
\hline
- 230\,896\,150 &=& - 206\,000\,F - 3\,536\,402\,000\,d \\
233\,500\,000 &=& 206\,000\,F + 3\,714\,000\,000\,d \\
\hline
2\,603\,800 &=& 177\,598\,000\,d \\
0{,}0147 &=& d \\
\hline
\end{array}
$$

$$
\begin{array}{rcl}
13\,450 &=& 12\,F + 206\,000\,d \\
13\,450 &=& 12\,F + 206\,000 \cdot 0{,}0147 \\
13\,450 &=& 12\,F + 3\,028 \\
13\,450 - 3\,028 &=& 12\,F \\
10\,422 &=& 12\,F \\
\dfrac{10\,422}{12} &=& F \\
868{,}50 &=& F \\
\hline
\end{array}
$$

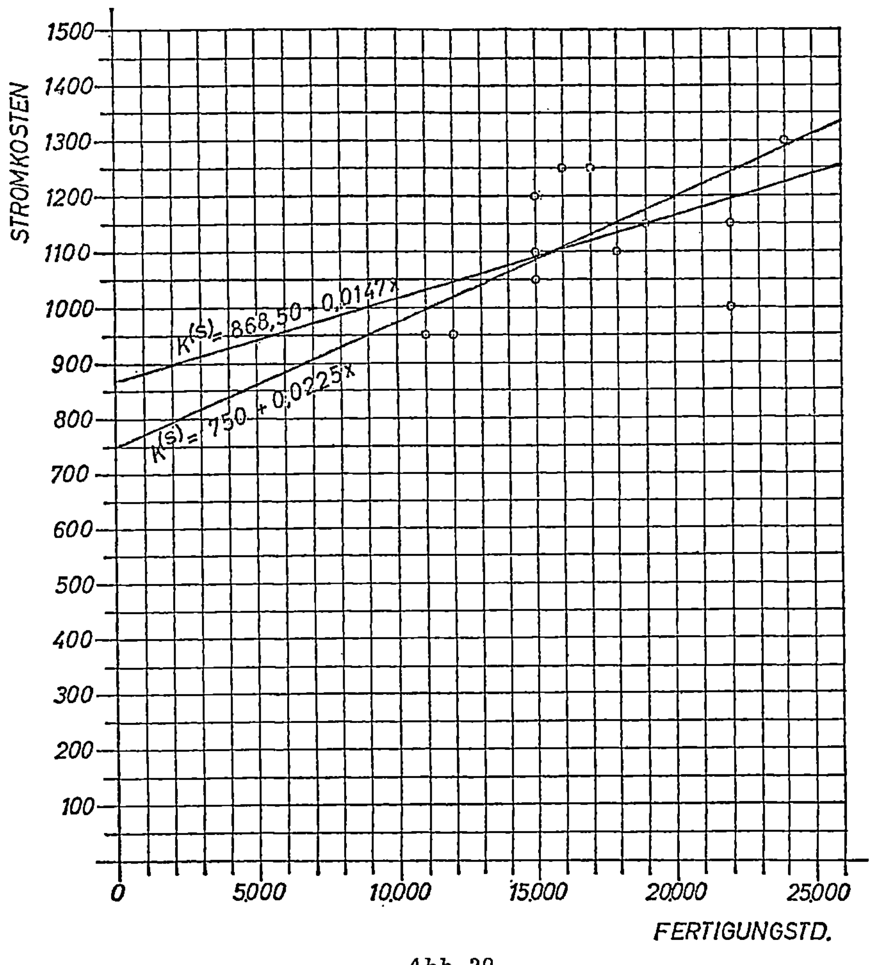

Abb. 29

Ist die Punktestreuung nicht so stark, so kommt man mit den beiden oben genannten Methoden zu fast gleichen Ergebnissen[131]. Streuen die Beobachtungswerte dagegen stark, wie hier gezeigt, so wird der „optische Ausgleich" so schwierig, daß man nur unter Anwendung der Trendberechnung zu einer genauen Ausgleichsgeraden kommen kann.

Die Anwendung der Methode der kleinsten Quadrate in der Gemeinkostenplanung bietet gegenüber den vorher behandelten Verfahren den Vorteil, daß die erzielten Ergebnisse mathematisch theoretisch genau und objektiv sind. Es darf jedoch, wie schon einmal gesagt, nicht übersehen werden, daß dieser Vorteil nur auf Grund eines erheblichen Zeit- und damit verbundenen Kostenaufwandes erreicht werden kann. Darin ist auch der Grund dafür zu sehen, daß die Me-

---

[131]) Vgl. hierzu auch das Beispiel bei Kilger, W.: Flexible Plankostenrechnung, 3. Auflage, Köln u. Opladen, S. 370 ff.

thode der kleinsten Quadrate, wenn sie in der Praxis zur Gemeinkostenplanung benutzt wird, nur zur Planung der wichtigsten Kostenarten dient.

12.5. Bedeutung und Problematik der Verfahren der Kostenauflösung

Die Anwendung der mathematisch statistischen Verfahren trägt in erheblichen Maße dazu bei, die Ziele der Unternehmensleitung zu erreichen. Jedoch sind die einzelnen wissenschaftlich fundierten Verfahren an Voraussetzungen gebunden, die ihre praktische Anwendung für viele Unternehmen stark einschränken. Alle Verfahren beruhen auf der Analyse von gegebenen Zeitreihen (Vergangenheitsdaten), um vergangene Gesetzmäßigkeiten der Entwicklung aufzudecken. Solche Betrachtungen können aber nur dann in einem Betrieb vorgenommen werden, wenn es gelingt, genügend repräsentative Vergangenheitsdaten zu ermitteln, denn je größer die Zahl der Einzelelemente ist, desto genauer läßt sich eine relative Genauigkeit zwischen Ist- und Prognosezahlen feststellen.

Sind die Vergangenheitsdaten (Zeitreihen) gegeben, so hängt das Eintreffen der Prognosen von der Erfüllung der Prämissen ab, die Voraussetzung oder Bestandteil des jeweiligen Verfahrens sind. Da zukünftige Entwicklungen immer mit Unsicherheiten verbunden sind, können die mathematisch statistisch ermittelten Prognosen lediglich eine erhöhte Wahrscheinlichkeit richtiger Zukunftsbeurteilungen gegenüber intuitiv und subjektiv erfolgten Vorausschätzungen bieten. Man muß davor warnen, die zur Verfügung stehenden Verfahfahren rein mechanisch anzuwenden, und allein schon in der mathematischen Darstellungsweise eine Garantie für den Erfolg dieser Verfahren zu sehen. Die mathematischen Methoden haben Hilfscharakter und sind lediglich der Ausdruck von wissenschaftlichen Zusammenhängen, die sachlogisch bestimmt sind.

Literaturverzeichnis

Böckel/Höpfner, Moderne Kostenrechnung, Stuttgart - Berlin - Köln - Mainz 1972.

Bott, Lexikon des kaufmännischen Rechnungswesens, Bd. 3, 2. Aufl., Stuttgart 1956.

Bussmann, K. F., Industrielles Rechnungswesen, Stuttgart 1963.

Everling, W., Kurzfristige Erfolgsrechnung, Stuttgart 1965.

Fäßler u. a., Kostenrechnungslexikon, München 1971.

Gutenberg, E., Grundlagen der Betriebswirtschaftslehre, Bd. 1, 3. Aufl., Berlin - Göttingen - Heidelberg.

Haberstock, L., Kostenrechnung I (Privatdruck), Saarbrücken 1972.

Hartmann, B., Die Erfassung und Verrechnung innerbetrieblicher Leistungen, Wiesbaden 1956.

Heinen, E., Betriebswirtschaftliche Kostenlehre, Bd. 1: Grundlagen, Wiesbaden 1959.

Heinen, E., Produktions- und Kostentheorie, in: Allgemeine Betriebswirtschaftslehre in programmierter Form, Wiesbaden 1969.

Heitz, B., Kosten- und Erfolgsrechnung, Herne - Berlin 1968.

Huch, B., Einführung in die Kostenrechnung, Würzburg - Wien 1971.

Kilger, W., Flexible Plankostenrechnung, 5. Aufl., Köln - Opladen 1972.

Kilger, W., Kurzfristige Erfolgsrechnung, Wiesbaden 1962.

Kilger, W., Betriebliches Rechnungswesen, in: Allgemeine Betriebswirtschaftslehre in programmierter Form, Wiesbaden 1969.

Kosiol, E., Kostenrechnung, Wiesbaden 1964.

Löffelholz, Josef, Repetitorium der Betriebswirtschaftslehre, Wiesbaden 1966.

Mellerowicz, K., Kosten und Kostenrechnung, Bd. 2, Teil 1, Berlin 1966.

Mellerowicz, K., Kosten und Kostenrechnung, 4. Aufl., Bd. 2, Berlin 1968.

Mellerowicz, K., Allgemeine Betriebswirtschaftslehre, 12. Aufl., Bd. 4, Berlin 1968.

Mellerowicz, K., Neuzeitliche Kalkulationsverfahren, Freiburg 1966.

Mrachcz, H. P., in: Handbuch der Kostenrechnung, München 1971.

Medicke, Werner, Die Gemeinkosten in der Planungsrechnung, Betriebswirtschaftliche Forschungen, Bd. 6, Berlin 1956.

Münstermann, H., Unternehmensrechnung, Wiesbaden 1969.

Nowak, P., Kostenrechnungssysteme in der Industrie, 2. Aufl., Köln - Opladen 1961.

Riebel, P., Kurzfristige unternehmerische Entscheidungen im Erzeugnisbereich auf der Grundlage des Rechnens mit relativen Einzelkosten und Deckungsbeiträgen, in: Neue Betriebswirtschaft Nr. 14/1961.

Schmalenbach, E., Kostenrechnung und Preispolitik, 8. Aufl., Köln - Opladen 1963.

Schwantag, K., Der heutige Stand der Plankostenrechnung in deutschen Unternehmungen, Zeitschrift für Betriebswirtschaft 1950.

Wöhe, G., Einführung in die allgemeine Betriebswirtschaftslehre, 10. Aufl., Berlin - Frankfurt 1968.

Zimmermann, W., Erfolgs- und Kostenrechnung, Braunschweig 1971.

Nachschlagewerke für Studium und Praxis

Wirtschafts-Lexikon

Herausgegeben von Dr. Dr. h. c. Reinhold S e l l i e n und Dr. Helmut S e l l i e n

In zwei Bänden zus. 4766 Spalten je Band: Leinen 84,— DM, Halbleder 93,— DM

Aus über 200 Sachgebieten vermittelt das Wirtschafts-Lexikon Kenntnisse: Betriebswirtschaft (Rechnungswesen, Kalkulation, Revision und Wirtschaftsprüfung, Statistik, Finanzierung, Organisation, Betriebspolitik und -psychologie, Werbung, Industrie, Handel, Banken, Versicherung u. a.). — Volkswirtschaft (Volkswirtschaftstheorie und -politik, Arbeitswissenschaft, Konjunkturlehre, Finanzwissenschaft, Verkehrs-, Gewerbe- und Außenhandelspolitik, Ökonometrie, Soziologie u. a.). — Steuern — Wirtschaftsrecht — Wirtschaftskunde (Warenkunde, Wirtschaftsgeographie, Schriftverkehr u. a.).

Verkehrs-Lexikon

Herausgegeben von Prof. Dr. Walter L i n d e n

1834 Spalten Leinen 66,20 DM, Halbleder 71,40 DM

Die überragende Rolle, die der Verkehr heute spielt, hat nicht nur jeden einzelnen von uns stärker als je zuvor mit Verkehrsfragen konfrontiert, sondern auch eine Fülle verwirrender Bezeichnungen, Tatbestände, Institutionen und Formen hervorgebracht, über die das Verkehrs-Lexikon als modernes Nachschlagewerk in prägnanter Darstellung rasche Aufklärung und Auskunft gibt.

Lexikon des Wirtschaftsrechts

2100 Spalten Leinen 98,— DM

Zu wichtigen Rechtsgebieten bringt das Lexikon jeweils eine klare, kurzgefaßte Einführung mit Literaturangaben. Für den juristisch nicht vorgebildeten Leser ist zusätzlich ein .Rechts-Schnellkurs eingebaut, durch den er in die Lage versetzt wird, praktische Rechtsprobleme zu beurteilen und zu lösen.

Sachgebiete: Aktienrecht, Arbeitsrecht, Bank- und Börsenrecht, Handwerksrecht, Gewerberecht, Handelsrecht, Kartellgesetz, Kommunalrecht, Luftverkehr, Patentrecht, Scheck- und Wechselrecht, Sozialversicherungsrecht, Steuerrecht, Strafrecht, Wettbewerbsrecht u. a.

Bank-Lexikon

Bearbeitet von Dr. Gerhard M ü l l e r unter Mitwirkung von Dr. Josef L ö f f e l h o l z

2004 Spalten Leinen 69,— DM, Halbleder 75,40 DM

Mehr als 5000 Stichwörter geben klare und kurze, aber erschöpfende Auskunft über jede Frage aus dem Kreditgeschäft, dem Zahlungsverkehr und dem Effektenwesen, aus Betriebsorganisation und Buchhaltung, dem Außenhandel und Devisenverkehr, dem gesamten ausländischen Bankwesen, dem Bankrechnen und der Bürotechnik und vor allem auch aus allen einschlägigen Rechtsgebieten. Zu allen wichtigen Stichwörtern sind Literaturhinweise gegeben.

Deutsch-französisches Lexikon für Bank-, Börsen- und Finanzausdrücke

Von Gerhard D ü r i n g

397 Seiten Kunststoff 61,10 DM

Das Lexikon bringt in den allermeisten Fällen nicht die isolierte Übersetzung, sondern führt außerdem Beispiele an, die der Fachliteratur entnommen sind. Zahlreiche Anmerkungen unterrichten unter Verwendung der entscheidenden französischen Ausdrücke über das Bankwesen und die Banktechnik in Frankreich.

Deutsch-fremdsprachiges Fachwörterverzeichnis
für das Geld-, Bank- und Börsenwesen

95 Seiten broschiert 9,80 DM

Dieses Fachwörterverzeichnis gestattet dem Bankkaufmann und allen Kaufleuten, die sich mit Geld- und Börsenfragen zu beschäftigen haben, eine schnelle und prägnante Übersetzung der wichtigsten Fachausdrücke des Kredit- und Bankwesens in den Welthandelssprachen Englisch, Französisch, Spanisch und — ab Buchstabe S — Italienisch.

Betriebswirtschaftlicher Verlag Dr. Th. Gabler · Wiesbaden